Mileva Marić in ihrem ersten Studienjahr 1896

© 2015, Elisabeth Sandmann Verlag GmbH, München
ISBN 978-3-945543-02-3
Alle Rechte vorbehalten
Text: Anne-Kathrin Kilg-Meyer
Lektorat: Eva Römer
Gestaltung: Kunst oder Reklame, München
Herstellung: Jan Russok, Peter Karg-Cordes
Lithografie: Jan Russok
Druck und Bindung: Neografia, Martin

Besuchen Sie unsere Website: www.esverlag.de

Wie sich
MILEVA EINSTEIN
Alberts Nobelpreisgeld sicherte

VON
ANNE-KATHRIN KILG-MEYER

MOMENTE DES LEBENS

INHALT

»Mei liebs Johonesl!«
Zeiten des Aufbruchs   7

»Ich begreife, dass Du eine freie Zukunft willst«
Abgesang einer Ehe   49

»Ich wohne bei meiner ersten Frau«
Blick nach vorn   79

Quellennachweis   100

»Mei liebs Johonesl!«
Zeiten des Aufbruchs

Das elterliche Herrenhaus mit Glockenturm in Kać

Ein kleines Mädchen mit großen, schwarzen Augen und dunklem, lockigem Haar sitzt in seinem Versteck und beobachtet neugierig die Welt. Von hoch oben, dem Glockenturm des elterlichen Herrenhauses aus, überblickt die Kleine die Umgebung – den Gutshof, das Land – bis hin zum Horizont. Und nachts sieht sie zum Mond hinauf und zu den Sternen. Der klare Glockenschlag ruft die Feldarbeiter zu den Mahlzeiten und das Mädchen aus seinen Träumen in die Realität zurück. Sobald die Glocke wieder verstummt, fliegen die Gedanken erneut davon, weit in die Welt der Neugier und der Fantasie. Sie schaut auf Wiesen und Felder, kann beobachten, wie sich die Natur im Laufe der Jahreszeiten wandelt, findet Gefallen an den unterschiedlichen Gesichtern der Natur.
Dieses kleine Mädchen heißt Mileva.
Aus ihr wird eine bedeutende Frau, Mileva Einstein-Marić. Ihre Bekanntheit hat sie vor allem ihrem späteren Ehemann zu verdanken, Albert Einstein, dem Physiker, Nobelpreisträger, Jahrhundertgenie. Ihre wichtigste Rolle wird Mileva, selbst Mathematikerin und Physikerin, jedoch nicht als dessen Ehefrau oder gar verkannte Nobelpreisträgerin spielen. Als Hochbegabte und ihrem Kommilitonen, Freund und späteren Ehemann Albert Einstein ebenbürtige Wissenschaftlerin hätte sie die Fähigkeit gehabt, durch ihr eigenes akademisches Schaffen Anerkennung zu erringen. Die Bedeutung ihrer Mitarbeit an den von Albert Einstein im Jahr 1905 – seinem Wunderjahr, dem *Annus mirabilis* – publizierten,

wegweisenden und bahnbrechenden Abhandlungen, und damit der Begründung der Relativitätstheorie, gilt inzwischen als erwiesen. Vielmehr wird Mileva ihren Lebensweg selbst wählen. Sie entscheidet sich für die Rolle der Mutter. Der Weg dorthin ist ein besonderer.

Mileva Marić kommt am 19. Dezember 1875 als erste Tochter von Miloš Marić und Marija Ružić-Marić in Titel, einem kleinen Ort östlich von Novi Sad, auf die Welt. Sie wächst in der Provinz Vojvodina, damals Österreichisch-Ungarische Monarchie, heute Serbien, auf. Der Vater ist ein geachteter und wohlhabender Mann, der als Korporal viele Jahre im Militärdienst steht. Noch während dieser Zeit kauft er in Kać, unweit von Novi Sad, den Gutshof, auf dem Mileva schöne Kinderjahre verbringt. Im Gegensatz zu ihrem humorvollen Mann ist Milevas Mutter eher ernst, vernünftig und bescheiden. Als Tochter eines reichen Grundbesitzers genoss sie mit drei Geschwistern ein umtriebiges Familienleben. Das Ehepaar bekommt eine weitere Tochter, Zorka, einen Sohn, Miloš, und adoptiert ein Mädchen, Nana. Der kleinen Mileva fehlt es an nichts. Sie erfährt die Liebe der in ihren Persönlichkeiten ungleichen, sich jedoch ergänzenden Eltern. Der Vater scherzt viel mit Mileva. Die Mutter lehrt sie, was es heißt, verantwortungsvoll und anständig zu sein. »Mitza«, wie sie zärtlich genannt wird, wächst glücklich in der Geborgenheit einer intakten Familie auf.

Von Geburt an hat Mileva ein Hüftleiden. Eine Fehlstellung der Hüfte bedingt die Verkürzung

Die Geschwister Miloš, Mileva (rechts) und Zorka Marić

eines Beines, was sie jedoch nicht daran hindert herumzutollen, zu tanzen, über Felder und Wiesen zu streunen und die Welt zu erkunden. Ihre Erlebnisse teilt sie mit den Eltern, die ihr vieles erklären und beibringen. Bei den Mahlzeiten und an den Abenden finden lange Gespräche statt. Mileva stellt unentwegt Fragen, die geduldig beantwortet werden. Bald verfügt sie über ein erstaunliches Wissen, und es dauert nicht lange, bis sie sich auch für Zahlen und alles, was man mit ihnen machen kann, interessiert. Sie entdeckt spielerisch und voller Leichtigkeit ihre Freude am Rechnen. Ihre Eltern fördern die vielseitigen Begabungen ihres Kindes. Mileva ist musikalisch und bekommt früh Klavierunterricht. Sie beobachtet und studiert ihre Umgebung und beginnt zu zeichnen. Vom Vater erlernt sie die deutsche Sprache. Und immer wieder kehrt die Kleine in ihr Versteck im Turm zurück, hoch oben über der ihr so vertrauten Heimat, und macht sich viele Gedanken.

Auch in ihrem späteren Leben wird sich Mileva immer wieder Orte suchen und schaffen, an die sie sich zurückziehen kann. Diente das Versteckspiel auf dem Turm als Kind nur der Zerstreuung oder Sammlung, sucht sie als erwachsene Frau ernstlich nach Schutz und Geborgenheit für sich und ihre Lieben. Vielleicht kann Mileva einige Etappen ihres Weges nur gehen, weil sie ein feines Gespür dafür hat, wann es besser ist, Gedanken und Gefühle im Verborgenen zu halten. Das werden Situationen sein, in denen sie für ihre Ziele kämpfen muss. Aus dem wissbegierigen Kind wird eine eifrige Schülerin werden, eine kluge Studentin, ehrgeizige Wissenschaftlerin, treue Ehefrau und liebevolle Mutter. In ihrem tiefsten Inneren wird sie aber immer auch das kleine Mädchen bleiben, das sich auf seinem Turm versteckt. Auf Fotografien mit Mileva, egal ob als Kind oder erwachsene Frau, erkennt man sie sofort: Auffallend sind ihre großen, dunklen Augen. Sie hat stets einen wachen und energischen, geradezu herausfordernden Blick, zeigt oft ein verschmitztes Lächeln. Ihr mag es nicht so recht gelingen, das wellige, dichte, dunkle Haar geordnet zu halten, was ihr einen Ausdruck von Wildheit und Entschlossenheit verleiht.

Schon als Schülerin entwickelt sich Mileva vorbei an ihren Altersgenossen. Im Bewusstsein, eine überdurchschnittlich intelligente und vielseitig begabte Tochter zu haben, schicken die Eltern Mileva zuerst auf ausgewählte Schulen im Umkreis, dann auf das Obergymnasium in Zagreb, wo sie das einzige Mädchen ist und hervorragende Leistungen erzielt. Sie glänzt besonders in Fächern, denen ihr Interesse von klein auf gilt: Sprachen, Musik, Mathematik und Physik. Nach einer Lungenentzündung Milevas fahren die Eltern mit ihr zur Erholung in die Schweiz. Dort sind die Lebensbedingungen deutlich besser als in Zagreb. Da Mileva ohnehin bereits plant, nach der Matura – dem Abitur – an einer Hochschule zu studieren, erlauben die Eltern ihr, die Reifeprüfung an der Eidgenössischen Medizinschule in Bern abzulegen. Von nun an wird Milevas Lebens-

mittelpunkt immer die Schweiz bleiben. Man stelle sich in dieser Situation den starken Willen und die Kraft Milevas vor: Sie verlässt im Alter von 19 Jahren, ganz auf sich allein gestellt, ihr geliebtes Zuhause und die Eltern, nur um ihren Wissensdurst zu stillen. Sie nimmt in Kauf, sich in einem fremden Land ohne Hilfe zurechtfinden zu müssen, und durchläuft zügig ihre Schullaufbahn. Dies geschieht in einer Zeit, in der ein Mädchen ihres Alters normalerweise zu Hause Stricken und Kochen lernt, um später einen Haushalt führen und ihre Pflichten als Ehefrau erfüllen zu können. Nicht so Mileva. Sie zieht es in die Schweiz, wohlwissend, dass dort das Bildungssystem fortschrittlich und Frauen zum Studium zugelassen sind.

1896 beginnt Mileva ein Medizinstudium in Zürich. Nach einem Semester wechselt sie an das Polytechnikum, die spätere Eidgenössische Technische Hochschule. Dort ist sie die einzige Frau im Jahrgang Mathematik und Physik, die fünfte Studentin überhaupt. Obwohl die Universität das Frauenstudium erlaubt, sieht sich Mileva einem frauenfeindlichen Umfeld ausgesetzt, voller Geringschätzung und Vorurteile, die sich in den Köpfen der meisten Kommilitonen und Professoren verfestigt haben: Studium und akademische Laufbahn sind reine Männerdomäne, Frauen haben an der Universität nichts zu suchen. Trotz geringerer Betreuung und Förderung schafft sie es, sich zu behaupten, und macht große Fortschritte. Aber Mileva vergräbt sich nicht nur hinter ihren Büchern, sondern sie genießt ihr

Studentinnenleben. Mit mehreren gleichgesinnten jungen Frauen aus Serbien, Kroatien und Österreich lebt sie in einer fröhlichen Wohngemeinschaft, in der es laut und ausgelassen zugeht. Nach getaner Arbeit wird gemeinsam gekocht, musiziert, gefeiert, gelacht. Als fröhliche junge Frau von 21 Jahren lernt sie den damals 17-jährigen Kommilitonen Albert Einstein, ihren späteren Ehemann, kennen. Für Mileva beginnt die vielleicht glücklichste Zeit ihres Lebens. Sie erreicht ungeahnte Höhen in ihrer wissenschaftlichen Arbeit und erlebt gleichzeitig die Liebe ihres Lebens. Sie heiratet, bekommt Kinder. Sie ist 38 Jahre alt, als ein radikaler Bruch erfolgt, die Trennung von ihrem geliebten Mann Albert.

Wie kommt es, dass vom Moment der Trennung an diese besondere Frau, die aus dem fröhlichen, neugierigen und klugen Kind geworden ist, von Biografen und Wissenschaftshistorikern nur noch mit Traurigkeit und Schwermut belegt wird? Warum wird sie allgemein wahrgenommen als gescheiterte Person? Die Trennung und Scheidung von Albert Einstein mögen den größten Einschnitt mit schwerwiegenden Folgen in Milevas Leben bedeutet haben – einen Moment, der alles verändert. Es wird sich aber als Irrtum erweisen, Mileva in der zweiten Hälfte ihres Lebens nur noch wie in einen Schatten gehüllt darzustellen oder wahrzunehmen. Ob es gelingt, Milevas Leben ein neues Format zu geben, wird ein Balancieren auf dem Brunnenrand sein: Geht man einen Schritt zu weit in die eine Richtung, fällt man auf den harten Boden. Ein Schritt zu weit in die entgegengesetzte Richtung bedeutet den Fall ins tiefe Nass. Trotzdem muss der Versuch erlaubt sein, die Stärken, die Beharrlichkeit und die Kraft Milevas als Frau und Mutter jenseits der Wissenschaftlerin herauszukristallisieren und diese Merkmale in den Vordergrund zu stellen.

Die Sorge um ihre beiden Söhne Hans Albert und Eduard, die zum Zeitpunkt der Trennung erst zehn und vier Jahre alt sind, rückt für sie von nun an in den Mittelpunkt. Sie war immer schon eine liebevolle Mutter, ist jetzt jedoch gezwungen, diese Rolle neu auszufüllen, weil sie zugleich den Vater ersetzen muss. Mit der für sie so typischen Geduld, Unermüdlichkeit und Willensstärke, die Grundlage für ihre bisherigen Erfolge waren, kümmert sie sich um ihre Kinder. Es ist ein selbstloser und kraftvoller Einsatz Milevas für das Wohl ihrer Söhne, der einen neuen Blick auf Milevas Leben wirft und freigibt. Wenn man ihr näherkommt, verabschiedet man sich schnell von vielen Vorurteilen. Das Bild der Mileva wird plötzlich sehr differenziert. Sie ist eben *nicht* die tragische Figur – traurig, verlassen, verarmt, die am Ende einsam stirbt. Sie hat auch ohne Albert Einstein an ihrer Seite und bewusst außerhalb des wissenschaftlichen Bereichs Bedeutendes geleistet. Es wäre eine Beleidigung, bliebe man an den Eigenschaften krank, hinkend oder schwermütig hängen.

Zwar mag ihr die Gehbehinderung ein Leben lang geblieben sein, vermutlich wurde diese jedoch be-

Die Studienfreundinnen Mileva (links), Milana Bota und Ružica Dražić. Auf der Rückseite des Fotos (unten) haben die Studentinnen Sinnsprüche verewigt.

reits in Kindertagen zu einer Selbstverständlichkeit. Mileva ist zeitlebens überaus beweglich, wie ihre zahlreichen Reisen und Umzüge bestätigen. Allein zwischen 1909 und 1914, also innerhalb von nur fünf Jahren, wechselt Mileva mit ihrer Familie fünf Mal kreuz und quer durch Europa den Wohnsitz: Mit ihrem Mann und dem kleinen Hans Albert von Bern nach Zürich. Dort kommt Eduard auf die Welt. Es folgen Umzüge nach Prag, zurück nach Zürich, anschließend nach Berlin und schließlich retour nach Zürich. Mileva trägt die Hauptlast der Wohnungssuche, Organisation und Kinderbetreuung. Dazwischen begleitet sie Albert zu Kongressen, auch ins Ausland nach Holland, Österreich oder Belgien. Nicht vergessen werden dürfen die häufigen Ausflüge in die Schweizer Berge und die Besuche ihrer Familie in Serbien. Die Heimreise mit Zugfahrten über Wien und Budapest nach Novi Sad und einer abschließenden Kutschfahrt zum Anwesen der Eltern dauerte anderthalb Tage. Bedenkt man Art der Verkehrsmittel und Reisebedingungen zur damaligen Zeit, stellt jedes einzelne der geschilderten Unterfangen angesichts der Strapazen einen unermesslichen Kraftakt Milevas dar – von Gebrechlichkeit keine Spur.

Es mag auch zutreffen, dass Mileva manchmal eifersüchtig und unglücklich war. Aber verwundern diese Regungen einer Frau, die von ihrem Ehemann zuerst betrogen, dann wegen einer anderen Frau verlassen wird? Und sind dies nicht Gefühle, die für eine besondere Empfindsamkeit und Leidenschaft eines Menschen sprechen? Keinesfalls jedoch liegt hier etwa Krankhaftigkeit vor.

Als sich Mileva und Albert Einstein verlieben, ist sie eine kluge, temperamentvolle, gesellige junge Frau, die eine ganze Runde zum Lachen bringen kann. Er selbst gilt bereits in jungen Jahren als »Frauenmagnet«. Mileva ist nicht seine erste Freundin. Zuerst sind die beiden nur Studienkollegen mit der gleichen Begeisterung für ihre Fächer. Allmählich kommen sie sich näher, der Umgang miteinander wird zunehmend vertrauter. Irritiert über diese Entwicklung und ihre Gefühle, flüchtet sich Mileva 1897 für ein Semester als Gasthörerin an die Universität Heidelberg, kehrt jedoch im folgenden Jahr zurück nach Zürich. Bald schon werden Mileva und Albert ein Paar. Zahlreiche bekannt gewordene Liebesbriefe, die sie sich in den Jahren zwischen 1897 und 1903 geschrieben haben, dokumentieren die erste Annäherung und ab dem Jahr 1900 eine jugendlich frische Liebesgeschichte. Die Briefe vermitteln den Eindruck einer harmonischen, gleichberechtigten, intensiven Beziehung. Beide sind emotional und temperamentvoll. In Zeiten des Getrenntseins sind sie fast krank vor Sehnsucht nach dem anderen. Vor einem anstehenden Wiedersehen schäumen ihre Gefühle voller Vorfreude über. Ihr liebevoller Umgang miteinander enthält auch immer einen Hauch von Humor und Ironie. Sie nehmen sich gegenseitig auf den Arm, necken sich, betiteln sich mit witzigen, intimen Kosenamen. Anfangs verwenden sie noch die förmlichen Anreden

»Geehrtes Fräulein« und »Lieber Herr Einstein«. Im Oktober 1899 bezeichnet Albert sich selbst in einem Brief an Mileva als ihren »Herrn Kollegen und Kaffeesaufbrüderchen«. Kurze Zeit später nennt er sie »Liebes süßes Doxerl« – eine süddeutschen Formulierung für Puppe –, »Mein Herzensschatzerl«, »Kloane«, »Mietz«, »Hexchen«, sie ihn »Schatzerl«, »Jonzerl«, »Mei liebs Johonesl« – welch entzückende Namen zweier Verliebter füreinander. Voller Übermut schreibt Mileva im Jahr 1900 an Albert: »Mei liebs Johonesl! Da ich dich so gern hob und du so weit bist, daß ich dir keins Putzerl kann geben, schreib ich dir jetzt dieses Brieferl und frag dich, ob du mich auch so gern host, wie ich dich? Antworte mir *sofort*! Tausend Küßerline von deins Doxerl.« Mileva bespöttelt und ahmt mit diesen Formulierungen die süddeutsche Mundart Alberts und einiger Professoren nach.

Die Briefe enthalten jedoch nicht nur Liebesgeflüster. Ihr Inhalt wird viele Forscher beschäftigen, die auf der Suche nach den wissenschaftlichen Wurzeln Alberts weltberühmter Theorien sind. Mileva und Albert tauschen darin ihre Erkenntnisse, Ideen, Kritik und Zweifel an vorhandenen Theorien aus. In einem langen Brief aus Mailand vom 27. März 1901 schreibt Albert an sein »liebes Miezchen« nicht nur: »Wie glücklich und stolz werde ich sein, wenn wir beide zusammen unsere Arbeit über die Relativbewegung siegreich zu Ende geführt haben! Wenn ich so andre Leute sehe, da kommt mirs so recht, was an Dir ist!«, sondern er geht fachlich ins

Detail: »Über die Frage der spezifischen Wärme, welche zugleich den Zusammenhang zwischen Temperatur und Strahlungsvorgang umfaßt, sind mir nun für die Metalle ganz einfache Konsequenzen in den Sinn gekommen, welche sich vielleicht aus den schon gemachten Versuchen prüfen lassen [...]« und er bindet Mileva schließlich aktiv in seine Versuchsreihe mit ein: »Ich brenne vor Begier, mich da hineinzuarbeiten, da ich hoffe, daß sich ein gewaltiger Schritt zur Erforschung der Natur der latenten Wärme wird machen lassen. Vergiß ja nicht, nachzusehen, in wie weit das Glas dies Gesetz von Dulong und Petit erfüllt.« Sie helfen und inspirieren einander, fordern sich gegenseitig heraus und spornen sich an. Das Wissen und Forschen beider fügt sich zusammen zu etwas Großem und Bedeutendem.

Im Juli 1900 absolvieren Mileva und Albert die Diplomprüfung. Mileva scheitert, Albert besteht knapp. Beide fahren während der Semesterferien zu ihren Familien. Die Sehnsucht ist groß, die Wiedersehensfreude noch größer. Nach einem gemeinsamen Urlaub am Comer See im Frühling 1901 stellt Mileva fest, dass sie schwanger ist. Trotzdem bereitet sie sich intensiv auf die Wiederholung der Diplomprüfung vor. Beide scheinen sich auf das Kind zu freuen. »Wie gehts Dir denn immer mit dem Studium und mit dem Kinderl und mit der Laune? Hoffentlich geht's allen dreien gut, wie sichs gehört. Sei mir besonders gebusselt, damit es an der letzteren nie fehle«, schreibt Albert an Mileva in einem Brief vom Juni 1901 aus Winterthur, wo er am Technikum einen Mathematikprofessor für zwei Monate vertritt. Mit der bestandenen Diplomprüfung hat Albert bereits die Ausbildung zum Fachlehrer abgeschlossen. Es erweckt den Eindruck, als würde Milevas Schwangerschaft keinerlei Verunsicherung oder gar Aufregung bei den beiden auslösen, obwohl dies angesichts der Situation nicht überraschen würde. Sie sind nicht verheiratet. Ein uneheliches Kind bedeutet in dieser Zeit einen Makel, der zu gesellschaftlicher Isolation führen kann. Mileva hat die Diplomprüfung noch nicht bestanden. Albert verfügt über keine feste Anstellung, kein geregeltes, geschweige denn ausreichendes Gehalt. Sie haben keine gemeinsame Wohnung. Trotzdem sind sie voller Vorfreude. Ganz typisch für werdende Eltern wird gerätselt, ob es ein Mädchen oder ein Junge wird. Mileva spricht von Anfang an vom »Lieserl«, Albert hätte lieber ein »Hanserl«. »Hauptsache gesund«. Es wird dann doch das Lieserl. Ob gesund, ist eher fraglich. Doch Mileva fällt erneut durch die Prüfung. Wäre sie ein Mann gewesen, hätte sie den zweiten Versuch vermutlich bestanden, da männlichen Kollegen kaum Steine in den Weg gelegt wurden. Tatsächlich steht sie Albert Einstein in nichts nach, was dieser auch unumwunden bestätigt. So schreibt er schon im März 1901 an Mileva: »Wie glücklich bin ich, dass ich in Dir eine ebenbürtige Kreatur gefunden habe, die gleich kräftig und selbständig ist, wie ich selbst.« Der Grund für Milevas Scheitern mag wiederum

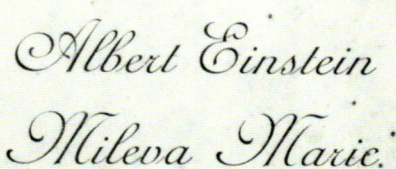

Die Hochzeitsanzeige

Das Hochzeitsfoto vom 6. Januar 1903

mit professoralen Ressentiments gegenüber Frauen in der Wissenschaft oder Prüfungsangst einhergehen oder aber mit der Tatsache, dass zur damaligen Zeit sowieso nur die allerwenigsten Frauen auf eine nachfolgende Anstellung als Fachlehrerin hoffen können. Milevas akademische Laufbahn findet jedenfalls hier ein jähes Ende.

Im August 1901 fährt sie traurig nach Hause zu ihrer Familie. Albert hält sich in Schaffhausen auf, wo er eine Teilzeitstelle als Lehrer an einem Internat angetreten hat. Eine schwierige Phase in Milevas Leben beginnt. Sie kehrt in ihre geliebte Heimat in den Schoß der Familie zurück. Hier kann sie sich fallen lassen, sich – wieder einmal – verstecken. Sie ist schwanger, unverheiratet und ohne Berufsabschluss, positive Perspektiven fehlen. Ein uneheliches Kind ist eine Katastrophe für eine ehrbare Familie. Alberts Familie, insbesondere seine Mutter Pauline, versucht mit aller Kraft und allen Mitteln, die Heirat ihres Sohnes mit Mileva zu verhindern. Die Mutter stört sich nicht nur an der serbischen Herkunft der Auserwählten, sondern auch an deren Alter und Wesen: »Sie ist ein Buch wie Du – Du sollst aber eine Frau haben. Bis du 30 bist, ist sie eine alte Hex!« Schon im Juli 1900 berichtet Albert Mileva in einem Brief von einer »gehörigen ›Szene‹«: Denn auf die mütterliche Frage, was denn aus »Dockerl« werde, hatte Albert entgegnet: »Meine Frau«, und er schildert nun Mileva belustigt die Reaktion: »Mama warf sich auf ihr Bett, verbarg den Kopf in den Kissen und weinte wie ein Kind. [...] Du vermöbelst Dir Deine Zukunft und versperrst Dir Deinen Lebensweg. Die kann ja in gar keine anständige Familie. Wenn sie ein Kind bekommt, dann hast Du die Bescherung.« Vielen galt der Osten als rückständig. Pauline Einsteins Reaktion ist geprägt von Arroganz, Dünkel und Selbstüberschätzung. Während Mileva einer wohlhabenden Familie entstammt, ist Alberts Familie inzwischen hoch verschuldet, 1897 sind die Brüder Hermann und Jacob Einstein zur Geschäftsaufgabe ihrer Elektrofabrik gezwungen. Pauline Einstein schreibt sogar an Milevas Eltern, die verunsichert und aus Sorge ebenfalls an der Richtigkeit einer Heirat ihrer geliebten Tochter mit Albert zweifeln. Letztendlich jedoch fängt ihre Familie Mileva auf und steht ihr in allem, was kommt, unterstützend zur Seite.

Am 27. Januar 1902 kommt Lieserl auf die Welt. Milevas Vater schreibt dem Kindsvater einen Brief und übermittelt die Nachricht von der Geburt, verbunden mit dem Hinweis, die Geburt sei sehr schwer und Mileva und das Kind in Lebensgefahr gewesen. Albert Einstein zeigt sich besorgt. Am 4. Februar 1902 schreibt er an Mileva: »Mein geliebtes Schätzchen! Armes, liebes Schatzerl, was mußt Du alles leiden, daß Du mir nicht einmal mehr selbst schreiben kannst! Und auch unser liebes Lieserl muß die Welt gleich von dieser Seite kennen lernen! [...] Ist es auch gesund und schreit es schon gehörig? Was hat es denn für Augerl? Wem von uns sieht es mehr ähnlich? Wer gibt ihm denn das Milcherl? Hat es auch Hunger? Gellst und ein vollständiges Glatzerl hats. Ich hab es so lieb & kenns doch noch gar nicht!« Doch kennenlernen wird er das Lieserl nie. Er reist nicht zu den beiden, sondern kümmert sich um sein berufliches Fortkommen. Zunächst bleibt er in Schaffhausen, wo er einen Privatschüler auf das Abitur vorbereitet, und zieht dann im Sommer nach Bern, um eine Stelle als Beamter am Eidgenössischen Patentamt anzutreten. Mileva muss sich alleine darum kümmern, was aus Lieserl wird. Man weiß, dass Mileva im September 1902 – also acht Monate nach der Geburt – in die Schweiz zurückkehrt und am 6. Januar 1903 Albert Einstein in Bern heiratet. Bekannt ist auch, dass sie ohne Lieserl dort ankommt.

Was genau Mileva erleben muss und was aus dem Töchterchen wird, ist nicht bekannt. Es gibt verschiedenste Spekulationen. Jedes vorstellbare Schicksal Lieserls ist für die junge Mutter ein Unglück. Wenn das Kind bereits nach wenigen Tagen oder Wochen gestorben wäre, hätte der Verlust des Kindes für Mileva das denkbar Schlimmste bedeutet, was einer Mutter passieren kann. Wenn Lieserl am Leben geblieben wäre, würde das heißen, dass Mileva das Kind freiwillig oder unfreiwillig weggegeben hätte. Vielleicht wurde Lieserl von Milevas Familie angenommen. Immerhin hätten die Lebenssituation und die finanziellen Möglichkeiten der Marićs es erlaubt, das Kind aufzuziehen. Denkbar wäre auch, dass Mileva ihr Kind zur Adoption freigegeben hat. Aber hätten Milevas Eltern es zugelassen, dass eine fremde Person ihr Enkelkind

In dieser Mansardenwohnung in der Archivstraße 8 in Bern lebten die frischvermählten Einsteins bis Herbst 1903.

annimmt? Milevas Eltern hatten selbst ein Adoptivkind. Eine Familie, die so fortschrittlich im Denken und unabhängig in ihrem Tun ist, kann sich über engstirnige Anschauungen hinwegsetzen und Wege finden, einen Ehrverlust durch die Geburt eines unehelichen Kindes zu umgehen und das eigene Enkelkind großzuziehen. Lieserls Identität wäre allerdings irgendwann entdeckt worden. Am wahrscheinlichsten erscheint die Version, wonach Lieserl von Geburt an krank war und spätestens im Kleinkindalter starb. Letztmals taucht der Name Lieserls in Alberts Brief vom 19. September 1903 auf. Mileva und Albert sind bereits verheiratet, Mileva erwartet ihr zweites Kind. Albert schreibt: »Die Geschichte mit dem Lieserl thut mir sehr leid. Es bleibt so leicht vom Scharlach etwas zurück. Wenn nur alles gut vorbeigeht. Als was ist denn das Lieserl eingetragen? Wir müssen sehr Sorge haben, daß dem Kinde nicht später Schwierigkeiten erwachsen.« Die Geburt Lieserls wurde nie in ein Register eingetragen, sodass sich konsequenterweise auch keine Eintragung in einem Sterberegister finden lässt.

Es gibt Hinweise darauf, dass das Kind behindert gewesen sei. Mit dieser Diagnose wäre Mileva viel abverlangt worden, weil sie nicht nur das kranke Kind vor Augen gehabt, sondern sich auch gefragt hätte, warum ihr Kind behindert war. Im Nachlass von Mileva befindet sich ein Buch mit dem Titel *Die sexuelle Frage* von August Forel aus dem Jahr 1905, in dem eine Broschüre von einem Dr. Bunge steckte, die sich mit Alkoholvergiftung und Degeneration befasst. In beiden Werken wurden zahlreiche Unterstreichungen und handschriftliche Anmerkungen gefunden, die Mileva zugeordnet werden können. Sie lassen den Schluss zu, dass sich Mileva, ausgehend von dem Mutterbild im 19. Jahrhundert, selbst die Schuld an der Behinderung Lieserls gab.

Bei aller Vorfreude der werdenden Eltern auf das Kind war Mileva als ledige Schwangere einem enormen gesellschaftlichen Druck ausgesetzt. So heißt es, Mileva habe sich nach ihrer Ankunft bei den Eltern mithilfe eines Korsetts den Bauch weggeschnürt, um die Schwangerschaft zu kaschieren. Auch könnte es in Folge des zierlichen Körperbaus und der Hüftfehlstellung bei der Entbindung zu Komplikationen mit einer Sauerstoffunterversorgung für das Kind gekommen sein. In jedem Fall wird deutlich, dass sich Mileva mit dem Schicksal ihres Kindes nach einem denkbaren Tod tiefschürfend und gründlich befasst. Sie nimmt ihre Mutterrolle ernst, setzt sich intensiv mit Fachliteratur auseinander und sucht aufwendig nach der Ursache für die Erkrankung und vielleicht auch für den Tod Lieserls.

Der Verlust des erstgeborenen Kindes verbunden mit Schuldzuweisungen an sich selbst dürfte tiefgreifende Auswirkungen auf das weitere Leben Milevas und auf ihre Vorstellungen von Aufgaben und Verantwortung einer Mutter gehabt haben. Insbesondere, da sie mit alldem alleine umzugehen und fertigzuwerden hatte. Der Kindsvater Albert

Am 14. Mai 1904 wird Hans Albert Einstein in Bern geboren.

Einstein hat Lieserl nie gesehen. Hat ihn der Verlust weniger tangiert? Wäre das Kind tatsächlich mit einer Behinderung auf die Welt gekommen, hätte es durchaus sein können, dass er um seinen guten Ruf als Wissenschaftler und Genie bangte. Albert hat in einem Zeitraum von 21 Monaten, die zwischen der Geburt Lieserls und der letztmaligen Erwähnung in einem seiner Briefe im September 1903 liegen, sein Kind nicht ein einziges Mal besucht. Außerdem soll er Jahre später anlässlich eines Abendessens mit Freunden und Kollegen erwähnt haben, sein erstes Kind sei ein »mongoloider Idiot« gewesen. Warum Lieserl vielleicht im wahrsten Sinne des Wortes totgeschwiegen wurde, wird nie geklärt werden können. Es verwundert jedenfalls, dass weder in Briefen der Eltern aus späteren Jahren noch in übermittelten Beobachtungen, Gesprächen oder sonstigen Schriftstücken anderer Angehöriger eine eindeutige Erwähnung Lieserls gefunden wird. Für Mileva kann gerade das Schicksal ihrer einzigen Tochter, welches es auch immer gewesen sein mag, den Anstoß gegeben haben, ihren Weg so weiter zu gehen, wie sie es tut: selbstbestimmt und eigenwillig. Eine Frau mit der Durchsetzungskraft und Beharrlichkeit einer Mileva Marić resigniert nicht. Dafür gibt es genügend Beweise.

Erst einmal beginnt für Mileva mit ihrer Rückkehr in die Schweiz und Heirat ein entspannter und fröhlicher Lebensabschnitt, den sie mit ihrem geliebten Albert in Bern verbringt. Mileva richtet für

> Lieber Herr Adler!
>
> Besten Gruss von uns beiden aus Basel. Wenn das Haus abbrennt, oder sonst was Hübsches passiert, dann telegraphieren Sie uns bitte an die Adresse
> Prof. H. A. Lorentz
> Leiden,
> wo wir bis Sonntag sind. Nachher Herrn Caesar Koch 9 courte rue d'argile Antwerpen.
> Die beiden Einsteine

Brief der Einsteins mit ihren Reiseadressen an den Studienfreund Friedrich Adler, verfasst von Mileva, unterzeichnet mit »Die beiden Einsteine«, 1911.

sich und ihren Mann ein Nest ein. Die beiden mieten eine Mansardenwohnung, die eine herrliche Aussicht auf das Berner Oberland bietet. Sofort werden Erinnerungen an ihr Versteck im Turm des elterlichen Gutshofs wach: Mileva hat wieder den freien Blick in die Natur, spürt die Jahreszeiten und sieht nachts den Sternenhimmel. Jetzt kann sie endlich wieder Alberts Gefährtin sein. Neben seiner Stelle beim Patentamt arbeitet er an seiner Dissertation. Im Sommer ziehen sie in eine größere Wohnung im zweiten Stock der Kramgasse 49. Hier wird die »Akademie Olympia«, eine Runde aus klugen Köpfen, gegründet, der harte Kern besteht neben Albert aus dem Philosophiestudenten Maurice Solovine und dem Mathematiker Conrad Habicht. Man trifft sich zu gemeinsamen Abendessen und anschließenden Diskussionen zu vielfältigen Themen, immer mit dabei: Mileva. Lebenslange Freundschaften entstehen.

Zur Aufbesserung der Haushaltskasse vermietet Mileva innerhalb der Wohnung Zimmer an Studenten. Viele wissenschaftliche Themen beschäftigen die beiden. Mileva ist weiterhin ebenbürtige Ratgeberin und Diskussionspartnerin, die Albert in seiner Forschung vorantreibt. Albert sagt über Mileva: »Ich bewundere jeden, der seinen Glauben so hartnäckig zu verteidigen vermag.« In dieser Zeitspanne gelingen Albert Einstein die größten Schritte hin zu seinem späteren Ruhm. Er selbst sagt rückblickend, dass diese seine produktivsten Jahre waren. Aber auch das gesellschaftliche Leben kommt nicht zu kurz. Regelmäßig und oft finden Musik- und Leseabende statt. Albert ist ein begnadeter Geigenspieler. Beide lieben das gemeinsame Musizieren und Konzertbesuche. Die Eheleute sind glücklich. Mileva wird erneut schwanger. Am 14. Mai 1904 kommt ihr Sohn Hans Albert auf die Welt.

Wenn Mileva ab diesem Moment seltener als Intellektuelle, sondern überwiegend als Ehefrau und Mutter wahrgenommen wird, dann entspricht dies wiederum ihrem Willen. Endlich hat sie ihre kleine Familie, einen gesunden Sohn. Schon die Schwangerschaft kann sie uneingeschränkt genießen, weil sie inzwischen in geordneten Verhältnissen lebt. Auch Albert scheint sich darüber zu freuen, Vater zu werden. Trotzdem unterstützt Mileva auch nach der Geburt und neben der Kinderbetreuung ihren Albert bei seinen Studien- und Forschungsarbeiten. Bald kommt es zu einer weiteren glücklichen Wendung: Milevas Eltern, gütig wie immer, laden die junge Familie ein und heißen Albert willkommen. Zusammen verbringen sie eine schöne Zeit in Milevas Heimat. Verwandte und Nachbarn freuen sich mit Mileva.

Mileva ist glückselig mit ihrem gesunden Kind. Nach all den traurigen Erfahrungen im Zusammenhang mit ihrer erstgeborenen Tochter Lieserl empfindet sie nun vollkommene Zufriedenheit. Sie hält ihren Sohn im Arm und beobachtet, wie er sich bewegt, umherschaut, isst, lacht, wächst und sich prächtig entwickelt. Es gibt keine Anzeichen einer

Erkrankung, geschweige denn einer Behinderung. Mileva ist erleichtert und froh. Bei ihrem zweiten Kind muss sie sich nicht mit dem Selbstvorwurf, etwas falsch gemacht zu haben und keine gute Mutter sein zu können, auseinandersetzen. Und Albert hat endlich sein Hanserl, das er sich schon bei der ersten Schwangerschaft Milevas gewünscht hatte. Im Juli 1904, also wenige Wochen nach der Geburt Hans Alberts, schreibt er während einer Reise einen Brief an Mileva mit dem Schlusssatz: »Herzliche Grüße an den Filius Rabatzel und Fuxl Dein Albert«. Jetzt befasst sich Mileva mit völlig alltäglichen Fragen, zuerst zur Kinderpflege, bald zur Kindererziehung. Sie verfasst im Jahr 1906 – Hans Albert ist zwei Jahre alt – einen Brief an eine Freundin in Belgrad, die selbst Kinder hat und von der sie sich Ratschläge erhofft. »Ich würde mich so sehr interessieren zu wissen, wie Du bei der Erziehung Deiner Kinder, die doch bis jetzt in Deinen Händen lag, verfährst? Gehst Du nach gewissen eigenen Prinzipien vor oder nach von anderen Leuten schon erprobten? Ich sah mich vergebens nach einschlägiger Lektüre um, die mir wirklich etwas bieten würde. Vielleicht könntest Du mir einen Rat geben; ja ich wär Dir sehr dankbar dafür.« Mileva geht nicht nur intuitiv, sondern auch jetzt nach wissenschaftlichen Methoden an die sich ihr stellende, neue Aufgabe heran. Sie begnügt sich nicht mit ihrem mütterlichen Instinkt und den Erfahrungen aus Erinnerungen an den Umgang ihrer eigenen, liebevollen Eltern mit ihr als Kind. Um ihren wie immer höchsten Ansprüchen zu genügen und eine fehlerfreie, perfekte Mutter zu sein, sucht sie nach damals noch unüblichen Hilfsmitteln, nämlich nach Fachliteratur zum Thema Kindererziehung. Vielleicht stößt Mileva genau bei dieser Suche auf das bereits erwähnte Buch von August Forel, das sie dann zum Anlass nimmt, nochmals über das sie weiter beschäftigende Schicksal ihrer Tochter Lieserl und insbesondere über die Ursachen von angeborenen Behinderungen nachzuforschen. Mileva leidet noch immer schwer unter dem Tod ihrer Tochter, über den sie wohl nie hinwegkommen wird. Gut möglich, dass sie zu klären versucht, inwieweit ein Risiko besteht, bei einer weiteren Schwangerschaft nochmals ein krankes Kind zu bekommen. Wieder einmal handelt Mileva mit der denkbar größten Gründlichkeit, wird jedoch gegen das Schicksal nichts ausrichten können.

Albert seinerseits ist ein moderner Ehemann und Vater. Seine Schwester Maja, die zeitweise bei Bruder und Schwägerin wohnt, beschreibt Albert so: »Er trug Kohle aus dem Keller, spaltete und schichtete Holz, besorgte Einkäufe auf dem Heimweg aus dem Amt (die er häufig genug vergaß), er war es auch, der nachts häufig aufstand, [...] Er trug und fuhr seinen Erstgeborenen spazieren, spielte Ball und Eisenbahn, verlor nie Geduld auch nicht, wenn der Kleine, während er grübelte, den größten Lärm vollführte. Unter solch wenig förderlichen Umständen vollendete er 1904 seine spezielle Relativitätstheorie.« Vorrangig beschäftigt sich Albert mit seiner Forschung, weiterhin unterstützt und angetrieben von seiner Frau. 1905 gilt als sein *Annus mirabilis*, weil er hier vier beziehungsweise fünf seiner wichtigsten Arbeiten fertigstellt – unter anderem seine Abhandlung zum photoelektrischen Effekt, »Zur Elektrodynamik bewegter Körper«, für die ihm im Jahr 1922 rückwirkend für 1921 der Nobelpreis verliehen wird, seine Dissertation und seine beiden Schriften zur speziellen Relativitätstheorie. Es gibt zahlreiche, verlässliche Hinweise darauf, dass Mileva ihm während jener Zeit fachlich kompetent, hilf- und ideenreich zur Seite stand. Albert selbst formuliert im bereits zitierten Brief vom 27. März 1901 klar und deutlich: »Wie glücklich und stolz werde ich sein, wenn wir beide zusammen unsere Arbeit über die Relativbewegung siegreich zu Ende geführt haben.« Vier Worte: »wir«, »beide«, »zusammen«, »unsere«, die doch nur bedeuten können, dass Mileva ihren Beitrag leistete. Weshalb Albert seine Frau nie als Mitverfasserin seiner Werke angibt und weshalb Mileva dies so schweigend hinnimmt, wird deren Geheimnis bleiben. Dass Albert Einstein in den Jahren zwischen 1903 und 1914, also exakt den Ehejahren, seine Werke alleine und ohne Milevas Beiträge gelungen sein sollen, mag in der Fachwelt nicht jeder so recht glauben. Immerhin hält die Library of Congress der Vereinigten Staaten in Washington D.C. für den Fund der Originalmanuskripte, die seit der Veröffentlichung als verschollen oder vernichtet gelten, eine Belohnung in Höhe von 11 Millionen Dollar bereit.

Angeblich soll Milevas Name als Mitverfasserin am Ende der Ausführungen stehen. Bis heute wurden die Originale nicht gefunden, Milevas wissenschaftlicher Anteil an der Arbeit und damit am Nobelpreis also weder festgestellt noch anerkannt. Dagegen hat sich Mileva nie zur Wehr gesetzt oder Forderungen gestellt – vielleicht ein Fehler oder ein Zeichen ihrer Bescheidenheit und Loyalität. Schon zuvor war Mileva an der Erfindung und Konstruktion eines Spannungsmessers wesentlich beteiligt gewesen, hatte jedoch bei der Patentierung auf die Nennung ihres Namens verzichtet. Gefragt nach dem Grund, antwortete sie: »Wozu? Wir sind ja beide nur Ein Stein.« Ohne Zweifel wäre es jedoch ein fataler Fehler, sich dem Irrglauben anzuschließen, Milevas scharfer Verstand, ihr Ehrgeiz und die Lust am Lösen wissenschaftlicher Fragen wären mit der Geburt Hans Alberts abhandengekommen. 1908 habilitiert sich Albert Einstein an der Berner Universität und wechselt 1909 als außerordentlicher Professor für theoretische Physik an die Universität Zürich. Trotz der schönen Jahre in Bern ist Mileva glücklich, in ihr geliebtes Zürich zurückkehren zu können. Dort war ihr erstes Nest, nachdem sie als junges Mädchen aus ihrer Heimat fortgegangen war. Ihre Liebe zu dieser Stadt wird immer bleiben. Am 28. Juli 1910 kommt dort Sohn Eduard auf die Welt. Alberts Karriere geht steil voran. 1911 ziehen die Einsteins nach Prag, wo Albert eine Stelle als Ordinarius an der deutschsprachigen Universität antritt. Mileva ist gegen den

Wechsel, fügt sich jedoch dem Willen Alberts, weil sie weiß, dass der Ruf an die älteste Universität in Mitteleuropa große Anerkennung und Ehre bedeuten. Der Umzug mit zwei kleinen Kindern ist mühsam. Mileva bekommt Unterstützung von ihrer Mutter. Aber ihr gefällt die Stadt nicht und sie findet keinen Anschluss. Die Mentalitäten sind zu unterschiedlich, die politischen Spannungen zu groß. Zwar verdient Albert erstmals so viel, dass Mileva eine Haushaltshilfe anstellen kann. Trotzdem fühlt sie sich unwohl. Albert ändert seine Pläne, sodass die Familie 1912 schließlich nach Zürich zurückkehrt. Mileva ist erleichtert, wenngleich sie merkt, dass Albert unzufrieden ist und es ihn immer öfter nach Berlin zieht, wo er Mitglied der Preußischen Akademie der Wissenschaften wird. Bald ist sie sich nicht mehr sicher, ob seine Reiselust nur fachliche und berufliche Gründe hat. Mit allen ihr zur Verfügung stehenden Möglichkeiten versucht Mileva, das gemeinsame Leben abwechslungsreich zu gestalten. Sobald Albert bei seiner Familie ist, kämpft sie um seine Aufmerksamkeit für sich und die Kinder. Wieder ist es das gemeinsame Musizieren und Wandern, das die Familie zusammenhält. Illustre Begleiter finden sich. Im Frühjahr 1913 ist Marie Curie zu Gast bei den Einsteins. Marie und Mileva freunden sich an und bringen sich großen Respekt entgegen. Ihre Lebenswege weisen Parallelen auf. So musste auch Marie Curie, die polnischer Herkunft ist, ihre Heimat verlassen, um studieren zu können. In Paris studierte sie Mathematik und Physik, und auch sie war mit einem erfolgreichen Wissenschaftler verheiratet. Mileva findet eine gleichgesinnte Gesprächspartnerin. Neben Gesprächen über Kinder, Erziehung und Familie erfolgt ein reger Austausch auf höchstem fachlichem Niveau. Eine Madame Curie verbringt wohl kaum viele Stunden mit einer Frau, die nur noch über ihren Alltag spricht. In dieser Zeit entfernt sich Albert immer weiter von Mileva und den Kindern.

Hans Albert, von seiner Familie »Albertli« oder »Adu« genannt, entwickelt sich prächtig und ist ein musisch begabtes Kind. Mileva ermöglicht ihm schon mit sechs Jahren Tanzunterricht. Hans Albert ist vielseitig, begeisterungsfähig und fröhlich. Seit dem Aufenthalt in Prag, wo Mileva viele Spaziergänge mit den Buben an der Moldau machte, ist Hans Albert fasziniert von Wasser mit seinen Wellen und Strömungen. Ständig hat er den Wunsch, etwas zu errichten, zu bauen oder leere Räume auszufüllen. Seine Mutter lässt ihn gewähren. Die Bindung zueinander ist sehr eng. Eduard ist von Geburt an ein zartes Kind. Er bekommt den Kosenamen »Tete«, abgeleitet vom serbischen Wort »dete« (Kind). Bald erkennen die Eltern, dass auch er Fähigkeiten entwickelt, die erstaunen. Er lernt lesen, noch bevor er zur Schule geht. Vergleichbar mit ihrer eigenen Kindheit, in der ihre Eltern die Begabungen ihrer Tochter früh erkannten und förderten, ist es nun Mileva, deren Beobachtung und Zuwendung es nicht entgeht, dass Eduard ebenfalls besondere Talente hat. Er liest nicht nur früh, sondern lernt in kurzer Zeit ganze Texte auswendig. Alles, was ihn interessiert und er erklärt bekommt, behält Tete im Gedächtnis. Mit beiden Kindern verbringen die Eltern viel Zeit mit gemeinsamem Musizieren. Die Leidenschaft zur Musik hat die Eheleute vielleicht neben der Mathematik und Physik am engsten miteinander vereint und verbindet sie auch jetzt trotz der unverkennbaren Spannungen. Tete beginnt bereits als kleiner Junge begeistert mit dem Klavierspiel. Zuerst unterrichtet Mileva ihren Sohn. Doch schon bald erreicht Tete das Können seiner Mutter. Mileva sucht nun die besten Klavierlehrer für ihn, sodass dieser bald in der Lage ist, virtuos zu spielen. Da der kleine Bruder besondere Aufmerksamkeit benötigt, aber auch häufig kränkelt, zunehmend gedankenabwesend, ja sogar sonderbar wirkt, wird Hans Albert früh selbständig und entwickelt sich zu einem fürsorglichen großen Bruder. Mit beiden Söhnen unternimmt Mileva lange Spaziergänge mit intensiven Gesprächen. Mileva bemüht sich, die Stimmungen Tetes auszugleichen und fördert verstärkt seine Entwicklung. Im September 1913 fährt die Familie nach Novi Sad. Dort trifft Mileva eine eigenwillige Entscheidung. Entgegen Alberts Willen, jedoch bestärkt durch ihre Familie, lässt sie Hans Albert und Eduard nach christlich-orthodoxem Ritus taufen. Für die Kinder und alle Gäste wird dieser Tag unvergesslich bleiben. Angehörige werden noch Jahre später von dem fröhlichen Fest und den ausgelassenen Buben sprechen. Albert, der einer jüdischen Familie entstammt, sich selbst aber als unreligiös bezeichnet, kommentiert den Alleingang Milevas lapidar: »Na ja, mir kann's egal sein.« Diese Gleichgültigkeit Alberts gegenüber den Kindern spürt Mileva längst. So ist es nur ein nächster Schritt in die gleiche Richtung, wenn Albert, die Liebe seiner Familie zu Zürich, das gemeinsame Leben dort und die Geborgenheit in ihrem Zuhause ignorierend, den Wechsel nach Berlin nun seinerseits eigenmächtig beschließt. Im Frühling 1914 muss Mileva wieder einen Umzug mit den kleinen Kindern schultern. Mileva kann nicht länger leugnen, dass ihre Ehe am Ende ist und Albert sich anderweitig orientiert hat. Er sucht die Nähe zu seiner Cousine Elsa.

Auf einem von Pauline Einstein arrangierten Familientreffen in Berlin war Albert 1912 seiner Cousine, die er seit Kindertagen kannte, nach Jahren wiederbegegnet. Hals über Kopf verliebt er sich in Elsa, die geschieden ist und mit den Töchtern Ilse und Margot in gutbürgerlichen Verhältnissen lebt. Heimlich schreiben sie sich seither Briefe. Zwar hält Albert in Zürich die Fassade der heilen Welt noch mehr oder weniger aufrecht, während er im Oktober 1913 an Elsa schreibt: »Wir werden beide aneinander haben, was uns so arg fehlte, und uns gegenseitig das Gleichgewicht und den frohen Blick in die Welt schenken. Das halbe Jährchen wird bald vorbei sein, das uns noch trennt.«

Trotz schlimmster Vorahnungen reist Mileva mit Hans Albert und Eduard nach Berlin. Da noch keine eigene Wohnung gefunden ist, logiert sie bei Fritz Haber, dem Leiter des Kaiser-Wilhelm-Instituts für Physikalische Chemie und Elektrochemie, an dem Albert derzeit forscht. Mileva wird mit Alberts Ablehnung und wie so oft in der Vergangenheit auch mit der Zurückweisung seiner Verwandtschaft konfrontiert. Hans Albert ist verärgert über den ihm aufgezwungenen Orts- und Schulwechsel. Tete ist zunehmend verstört. Er leidet an ständig stärker werdenden Kopf- und Ohrenschmerzen, die zu einer nicht in den Griff zu bekommenden Erkrankung werden. Vielleicht fördert die immer deutlicher zutage tretende Krankheit Eduards geradezu die Abwendung Alberts von der Familie. Er hadert mit diesem Schicksal, vielleicht aus Mitleid und Sorge für seinen Sohn, vielleicht aber auch aus reinem Selbstmitleid. Dies gipfelt darin, dass er zwei Jahre später an einen Freund über den 6-jährigen Eduard folgende herzlose Zeilen schreibt: »Der Zustand meines Kleinen deprimiert mich sehr. Es ist ausgeschlossen, dass er ein ganzer Mensch wird. Wer weiss, ob es nicht besser wäre, wenn er Abschied nehmen könnte, bevor er das Leben richtig gekannt hat.« Im Juli 1914, am Ende des Schuljahres und wenige Tage vor Ausbruch des Ersten Weltkrieges, kommt es zum endgültigen Bruch. Haber erfährt, wie es um die Ehe der Einsteins steht, und versucht zu vermitteln. Albert jedoch stellt Bedingungen für seinen Verbleib bei der Familie. Am 18. Juli 1914 schreibt er an Mileva: »Liebe Miza! [...] Ich bin bereit in unsere Wohnung zurückzukehren, weil ich die Kinder nicht verlieren will und weil ich nicht will, dass sie mich verlieren, und zwar *nur* deshalb. [...] Es soll ein loyales geschäftliches Verhältnis werden; das Persönliche muss auf einen kleinen Rest reduziert werden.« Und setzt ein groteskes, detailliertes Regelwerk auf:

Bedingungen.

A.
Du sorgst dafür
1) dass meine Kleider und Wäsche ordentlich im Stand gehalten werden
2) dass ich die drei Mahlzeiten im Zimmer ordnungsgemäss vorgesetzt bekomme.
3) Dass mein Schlafzimmer und Arbeitszimmer stets in guter Ordnung gehalten sind, insbesondere, dass der Schreibtisch mir allein zur Verfügung steht.

B.
Du verzichtest auf alle persönlichen Beziehungen zu mir, soweit deren Aufrechterhaltung aus gesellschaftlichen Gründen nicht unbedingt geboten ist. Insbesonder verzichtest Du darauf
1) dass ich zuhause bei Dir sitze.
2) dass ich zusammen mit Dir ausgehe oder verreise

C.
Du verpflichtest Dich ausdrücklich, im Verkehr mit mir folgende Punkte zu beachten

1) Du hast weder Zärtlichkeiten von mir zu erwarten noch mir irgendwelche Vorwürfe zu machen.
2) Du hast eine an mich gerichtete Rede sofort zu sistieren, wenn ich darum ersuche.
3) Du hast mein Schlaf- bezw. Arbeitszimmer sofort ohne Widerrede zu verlassen, wenn ich darum ersuche.

D.
Du verpflichtest Dich, weder durch Worte noch durch Handlungen mich in den Augen meiner Kinder herabzusetzen.

Diese Liste mit ihrer Ungeheuerlichkeit verletzt Mileva sehr. Nie zuvor in ihrem ganzen Leben ist sie so gedemütigt, erniedrigt und beleidigt worden. Zwar ist Mileva noch zu einer Unterredung in Anwesenheit von Haber bereit, eine Basis für eine gemeinsame Zukunft wird jedoch nicht mehr gefunden. Am 26. Juli 1914 schreibt Albert über dieses Treffen an Elsa: »Bei dieser Gelegenheit bestimmten wir, dass Miza mit beiden Kindern in Zürich bleibt, und es wurden schriftlich alle Bedingungen bis ins Einzelne festgesetzt. Drei Stunden hat es gedauert. Auch die Wege für eine Scheidung sind geebnet.« Michele Besso, ein gemeinsamer Freund aus Studientagen und Mitglied der »Akademie Olympia«, kommt aus Zürich und holt Mileva und die Buben in Berlin ab. Albert schreibt am 30. Juli 1914 an Elsa: »Die letzte Schlacht ist geschlagen. Gestern ist meine Frau mit den Kindern auf immer abgereist.

Ich war an der Bahn und gab ihnen den letzten Kuss. Ich habe gestern geweint, geheult wie ein kleiner Junge, gestern Nachmittag und gestern Abend, nachdem sie weg waren.«

Albert kehrt nicht zurück zu seiner Familie, sondern bleibt bei Elsa. Damit bricht er Milevas Herz, nicht jedoch ihren Stolz und ihre Selbstachtung. Bis zur Scheidung werden noch fünf lange Jahre vergehen. Ab einem Alter von gerade einmal zehn beziehungsweise vier Jahren leben die Jungen von nun an nie mehr mit ihrem Vater zusammen. Es gibt nur noch kurze, vorübergehende gemeinsame Besuche und Reisen. Mileva hat ihre große Liebe, die Kinder haben ihren Vater verloren.

»Ich begreife, dass Du eine freie Zukunft willst«
Abgesang einer Ehe

Mileva hat stets einen wachen und energischen, geradezu herausfordernden Blick.

Unbeugsam betritt Mileva die nächste Phase ihres Lebens: den existentiellen Kampf für sich und ihre Kinder. Albert hat sie nicht nur im Stich gelassen. Mileva muss verkraften, wie ihr Ehemann, den sie noch immer liebt, unanständig und respektlos mit ihr umgeht. Allmählich erkennt sie den Verrat. Die Verletzung ist unbeschreiblich. Noch verdrängt Mileva ihre Angst vor dem endgültigen Bruch mit Albert. Insgeheim wartet und hofft sie auf seine Rückkehr. Albert nimmt den Ausbruch des Krieges als Vorwand für seinen Verbleib in Berlin. Die Belastungen und Auswirkungen des Krieges erschweren auch in der neutralen Schweiz das tägliche Leben Milevas mit den Kindern. Hinzu kommt, dass Albert nicht bereit oder möglicherweise aufgrund erheblicher eigener Probleme nicht in der Lage ist, für eine ausreichende finanzielle Unterstützung zu sorgen. Zwar schickt er aus Berlin Geld, jedoch zu wenig zum Leben. Mileva hilft sich einmal mehr selbst und beginnt, Klavier- und Mathematikunterricht zu geben und für ihren Lebensunterhalt zu sorgen. Sie versucht mit aller Kraft, die sie erneut mobilisieren kann, die zeitweise große Not und den Geldmangel gegenüber den Kindern zu verbergen. Dabei nimmt sie selbst viele Entbehrungen in Kauf. Während sie für die Kinder kocht und sie verwöhnt, hungert Mileva. In jeglicher Hinsicht versucht sie, ihren Kindern nur das Beste zu ermöglichen. Den schönsten Anzug für Hans Albert, den besten Klavierlehrer für Eduard. Belastend kommt hinzu, dass Mileva während der Kriegsjahre ihre Eltern im Ausland nicht besuchen kann. Als Albert im April 1916 beruflich nach Zürich kommt und von Mileva die Scheidung verlangt, bricht sie zusammen. Albert weigert sich, Mileva zu sehen, obwohl sie ihn bittet, er möge ihr seinen Wunsch, von ihr geschieden zu werden, von Angesicht zu Angesicht mitteilen. Dazu scheint Albert nicht in der Lage und verweigert eine Zusammenkunft. Seine Söhne bestellt er ins Hotel Gotthard und verbringt mit ihnen gemeinsame Stunden. Am 8. April 1916 schreibt er Mileva und lobt eingangs, wie aufgeschlossen und wohlerzogen die Buben doch seien. Dann fährt er fort: »Eine Besprechung zwischen uns hätte keinen Zweck und könnte nur geeignet sein, alte Wunden wieder aufzureissen. [...] Bist Du prinzipiel geneigt, eine Scheidungsklage gegen mich einzureichen?« Mileva antwortet nicht. Mit Hans Albert verabredet er sich wenige Tage später im physikalischen Institut, damit dieser bei der Vorbereitung eines Experiments zusehen kann. Über diese Begegnung berichtet er Elsa: »Als wir weg gingen, drang er in mich, ich sollte seine Mutter aufsuchen. Als ich dies entschieden ablehnte, wurde er trotzig und weigerte sich, am Nachmittag wiederzukommen. Dabei blieb es und ich sah seither keines von den Kindern, [...]« Mileva ist am Ende ihrer Kräfte. Albert kehrt zurück nach Berlin – ohne ihre erhoffte Zustimmung zur Scheidung.

Nun beginnt für Mileva die nächste Etappe hin zur endgültigen Trennung, die sehr schmerzlich sein

Eine Fotografie aus glücklicheren Tagen, 1911

Eduard, Mileva und Hans Albert im Jahr 1914. Die Gesichter spiegeln die angespannte Lage der Familie wider.

wird. Mileva muss erkennen und verstehen lernen, dass Albert nicht zurückkehren wird. Er will sie nicht mehr als Begleiterin oder Gefährtin, nicht mehr als seine wissenschaftliche Unterstützung und nicht mehr als Ehefrau und Geliebte. Den Verlust ihrer großen Liebe zu realisieren bereitet ihr seelische und körperliche Qualen. Mileva kämpft in den folgenden Monaten mit Erkrankungs- und Erschöpfungszuständen, die viele stationäre Krankenhausaufenthalte erfordern. In dieser Zeit kümmern sich Freunde und Verwandte, allen voran Milevas Freundin Helene Savić und ihre Schwester Zorka, hingebungsvoll um Hans Albert und Eduard, der aufgrund seiner anfälligen Gesundheit immer wieder in Sanatorien und zu Erholungsaufenthalten muss. Albert bleibt für sich. Zwar schreibt er seinen Söhnen Briefe, er ist aber nicht bereit, erneut nach Zürich zu reisen, um als Vater Verantwortung für seine Kinder zu übernehmen. Am 14. Juli 1916 teilt er Michele Besso, der seinerseits sehr besorgt um die Buben ist, mit: »Wenn ich nach Zürich gehe, so wird meine Frau verlangen, mich zu sehen. Dies müsste ich abschlagen, teils aus unabänderlichem Entschluss, teils auch, um ihr Aufregungen zu ersparen. Die Kinder würden es ihrerseits als eine unerträgliche Härte empfinden, wenn ich diesen Wunsch nicht erfüllte. Ausserdem weisst Du, dass zwischen den Kindern und mir sich die persönlichen Beziehungen während meines Aufenthaltes zu Ostern so verschlechtert haben (nach sehr hoffnungsvollem Anfang), dass ich sehr zweifle, ob den

Kindern meine Anwesenheit eine Beruhigung wäre.« Die Kinder sind verstört und beantworten Alberts Briefe nicht. Im August schreibt Albert an Michele: »Mein Albert schreibt mir nicht. Ich glaube, seine Gesinnung gegen mich hat den Gefrierpunkt nach unten unterschritten.« Tete, der sehr an seinem Vater hängt, vermisst diesen umso mehr. Anstatt seine Kinder zu umsorgen, ihnen seinen Weggang zu erklären, sie zu trösten, verhält sich Albert unverständlich lieblos. Helene schreibt an Albert nach Berlin und teilt ihm ihre großen Sorgen um ihre Freundin Mileva und die Buben mit. Am 8. September schreibt Albert zurück: »Die Trennung von Mitsa war für mich eine Frage des Überlebens. [...] So habe ich meine Buben, welche ich trotzdem zärtlich liebe, aufgegeben. Zu meinem tiefsten Bedauern habe ich bemerkt, dass meine Kinder meine Wege nicht verstehen und eine Art Groll gegen mich hegen. Ich finde, obwohl es schmerzlich ist, dass es für ihren Vater besser ist, sie nicht mehr zu sehen.« Die Ignoranz und der Egoismus hinter diesen Worten erschüttern. Zwar sind die Kinder auch ohne Vater bestens versorgt und keineswegs vernachlässigt, ohne den Vater aufzuwachsen wird jedoch nicht spurlos an ihnen vorübergehen. Mileva erkennt, dass sie von ihren Kindern gerade in dieser Situation umso dringender gebraucht wird. Hans Albert muss bei der Betreuung seines kleinen Bruders entlastet werden. Zu lange musste er sich darum kümmern, dass Tete sich wäscht, ordentlich kleidet und regelmäßig isst.

Tete muss endlich wieder in der Geborgenheit eines Zuhauses Schutz finden. Ganz langsam und angetrieben von der Liebe zu ihren Kindern, kommt Mileva wieder zu Kräften. Die fürsorgliche Mutter, die sie einmal gewesen ist, kann sie nur wieder werden, indem sie den inneren und äußeren Kampf gegen Albert beendet. Bis zu dieser Erkenntnis vergehen fast drei Jahre. Erst jetzt ist sie bereit, sich endgültig von Albert zu lösen. Sie findet zurück zu ihren Stärken: ihrer Zielstrebigkeit, Hartnäckigkeit und Durchsetzungskraft. Jetzt ist sie bereit, das juristische Scheidungsverfahren als letzten Akt ihrer Ehe mit Albert Einstein in Gang zu setzen.

In einer Zeit, in der die Entwicklung des Telefons noch in ihren Anfängen steckt, bleibt einem neben dem persönlichen Treffen nur das Briefeschreiben. So findet der Austausch zwischen dem in Berlin lebenden Albert und Mileva in Zürich auf diesem Weg statt. Als gebildete und mitteilungsbedürftige Menschen verfassen sie fast täglich Postkarten, kurze Notizen oder seitenlange Briefe. Allein in den *Collected Papers*, der Sammlung sämtlicher Schriften Albert Einsteins, finden sich in der Zeit zwischen April 1914 und dem Tag der Scheidung am 19. Februar 1919 knapp 700 dokumentierte Schreiben von und an Albert, Mileva, Familie und Wegbegleiter. Am aufschlussreichsten ist der Schriftverkehr zwischen den Eheleuten. Von Mileva finden sich deutlich weniger Briefe, was daran liegen kann, dass sie aufgrund ihrer gesundheitlichen Angeschlagenheit tatsächlich weniger schreiben kann. Denkbar ist aber auch, dass sie sich bewusst zurückhält und es anderen überlässt, mit Albert zu kommunizieren. Viele Passagen aus Briefen verschiedener Verfasser bilden die Steinchen für ein Mosaik.

Mileva bedient sich einer klugen Taktik. Von Beginn der Trennungsauseinandersetzung an holt sich Mileva Helfer an ihre Seite, die Albert gegenüber eine große Autorität und seinen Respekt besitzen und so bestens geeignet sind, ihm ihre Interessen und die ihrer Kinder zu vermitteln. Allen voran sind das Michele Besso und dessen Frau Anna sowie Heinrich Zangger. Michele war zur selben Zeit wie Mileva und Albert Student an der ETH in Zürich, nahm an den Musikabenden und Gesprächsrunden der »Akademie Olympia« teil, arbeitete später als Alberts Kollege am Patentamt Bern und lebt nun in Zürich. Er ist es auch, der sich in der Folgezeit nach der Trennung fürsorglich um Mileva, Hans Albert und Eduard kümmert. Für Alberts wissenschaftliche Erfolge ist Michele von größter Bedeutung. Die Tatsache, dass Albert Einstein Michele Besso als Einzigen namentlich am Ende seiner im Juni 1905 eingereichten Abhandlung »Zur Elektrodynamik bewegter Körper« erwähnt und für dessen Beitrag dankt, spiegelt die außergewöhnliche Beziehung zwischen den beiden Männern. Bei den Vermittlungsversuchen wird Michele von seiner Frau unterstützt, die Albert wegen seines ehebrecherischen Verhaltens jedoch nicht wohlgesonnen ist, obwohl ihr Bruder Paul mit Alberts Schwester Maja verheiratet ist und somit eine familiäre Verbindung besteht. Dr. Zangger ist Milevas Hausarzt in Zürich. Er ist gleichzeitig Professor für forensische Medizin an der Universität Zürich, mit ihm tauscht sich Albert auch fachlich aus. Und schließlich ist da noch die Familie Zürcher. Sie lebt im gleichen Haus wie Mileva und die Kinder: Großvater Emil Zürcher senior ist emeritierter Rechtsprofessor an der Universität Zürich, Sohn Emil Zürcher junior ist Jurist und der Enkel Richard ein Spielkamerad von Eduard. Emil Zürcher junior wird Milevas Rechtsanwalt und Prozessvertreter im Scheidungsverfahren werden. Alle Vermittler füllen ihre Rolle sehr bedacht und zum Vorteil Milevas aus. Sie bilden geradezu einen Kokon um Mileva, was Albert missfällt. Viele Themen, die Mileva und die Söhne betreffen, werden ausschließlich über die Freunde erörtert, Auseinandersetzungen über sie ausgetragen. Alle Familienangelegenheiten werden erstaunlicherweise in aller Offenheit kontrovers und schonungslos diskutiert. Albert sieht sich als Einzelkämpfer den Unterstützern Milevas gegenüber und versucht, seine alten Freunde anzugreifen. So schreibt er am 14. Juli 1916 an Michele Besso: »Ich aber hege meinerseits den Verdacht, dass Ihr zwei herzensgute Männer von der Frau an der Nase herumgeführt werdet. Denn sie scheut kein Mittel, wenn sie etwas durchsetzen will.«

Albert drängt immer mehr auf die Scheidung. Die damalige Rechtslage erlaubt ihm nicht, selbst das

Verfahren einzuleiten. Dieses Recht steht dem Ehebrecher nicht zu. Mileva hat somit bereits ein erstes Druckmittel in Händen. Wenn sie nicht will, erfolgt keine Scheidung. Albert muss in ehebrecherischem Verhältnis mit Elsa weiterleben. Dies ist für den erfolgreichen Wissenschaftler und baldigen Nobelpreisträger ein gesellschaftlich unhaltbarer Zustand. Albert wird zwischen 1910 und 1918 ausgenommen 1911 und 1915 jährlich für den Nobelpreis nominiert. Bei Auftritten in Berlin wird sich Albert getreu seiner unkonventionellen Art kaum Gedanken über Anstand oder Moral gemacht haben, zumal dort die verworrene familiäre Situation Alberts bekannt ist. Jeder weiß, dass die Frau an seiner Seite, bei Veranstaltungen, Einladungen, Konzert- oder Theaterbesuchen, seine Cousine und Geliebte Elsa ist. Aber Elsa drängt darauf, »Frau Professor« genannt zu werden. Vor den Augen der ganzen Welt bei der Zeremonie der Nobelpreisverleihung kann Albert sich keinesfalls von seiner Geliebten begleiten lassen, das weiß auch er. Sicherlich hegen Elsa und möglicherweise auch er den dringenden Wunsch, den Augenblick seines größten beruflichen Triumphes gemeinsam zu genießen. Für Albert dürfte die Abhängigkeit von Mileva, aus der er sich aus eigener Kraft nicht befreien kann, höchst unangenehm gewesen sein. Eine ihn quälende Situation, wobei Mitleid für Albert unangebracht wäre! Also drängt Albert weiter, um vor dem möglichen Großereignis geschieden zu sein. Zu alter Durchsetzungskraft zurückgekehrt, macht sich Mileva dies zu Nutzen. Nur in ganz kleinen Schritten kommt sie ihm entgegen.

Im Februar 1916 stellt Albert in einem Brief an Mileva den »Antrag, unsere nunmehr erprobte Trennung zu einer Scheidung auszugestalten«. Er bietet an, im Fall einer Scheidung die Einzelheiten zu ihrer Zufriedenheit regeln zu lassen. Für die Buben habe er bereits 8000 Mark gespart. Dann wird er konkreter. In seinem Brief vom 12. März 1916 unterbreitet er ein deutlich besseres Angebot und meint: »Indem ich mich derart auf Stroh lege, beweise ich Dir, dass mir das Wohl meiner Buben vor allem andern in der Welt am Herzen liegt. Auch persönlich bin ich in erster Linie für *sie* da. Unsere Scheidung hat mit meiner Beziehung zu den Buben nichts zu schaffen.« Nur zaghaft signalisiert Mileva nun eine gewisse Bereitschaft zur Scheidung, was Albert sehr erleichtert. Sofort versucht er, nach Milevas »prinzipieller Zusage«, wie er es bezeichnet, den Verlauf des Verfahrens an sich zu reißen und zu lenken. So schlägt er Mileva umgehend vor, das Verfahren in Berlin durchzuführen, und empfiehlt ihr sogleich einen bekannten Scheidungsanwalt. »Sei nun so liebenswürdig und schreibe dem für Dich bestimmten Rechtsanwalt Herrn Dr. Albert Pinner, Taubenstr. 46, Berlin, dass Du prinzipiel geneigt bist, die Scheidungsklage gegen mich zu erheben und ihn zum Anwalt zu nehmen.« Es sei kein Problem, das Verfahren auch in ihrer Abwesenheit zu führen, zumal sie bestens vor Ort vertreten wäre. Mileva gestattet ihm nicht, über sie zu bestimmen, sondern lässt Albert zappeln. Erneut treibt Albert an: »Bist Du prinzipiell geneigt, eine Scheidungsklage gegen mich einzureichen?« Inzwischen noch ungeduldiger mahnt Albert konkrete Bedingungen an, die Mileva stellen möge. Gleichzeitig nimmt er seine Forderung, die Scheidung in Berlin durchzuführen, zurück und stellt ihr die Wahl des Ortes frei, wenngleich er nochmals versichert, dass ihr aus einer in Berlin laufenden Scheidung kein Nachteil entstehen würde. »Da nichts geschieht ausser unter Bedingungen, mit denen Du einverstanden bist, so gibst Du nichts aus der Hand, wenn die Klage in Berlin eingereicht wird.« Mileva schweigt einmal mehr und wird krank. Sie leidet an Herzanfällen, die Rede ist auch von einem leichten Schlaganfall und erheblichem seelischem Ungleichgewicht. Die Nachbarin Johanna Zürcher und Dr. Zangger kümmern sich um Mileva. Albert wittert einen Komplott und unterstellt Mileva, eine Erkrankung als Vorwand zu benutzen, um Zeit zu gewinnen und die Scheidung hinauszögern zu können. Wie so oft geht es ihm störrisch und eigensinnig ausschließlich darum, seinen Willen durchzusetzen. Michele Besso klärt ihn jedoch darüber auf, dass Mileva nicht simuliere, sondern ernsthaft krank sei. Albert kontert zu seiner Verteidigung voller Zynismus: »An Simulation glaube ich gar nicht, wohl aber an rein nervös bedingte Zustände. Lieber Michele! Wir Männer sind jämmerliche, unselbständige Geschöpfe, das gebe ich jedem mit Freuden zu. Aber verglichen mit diesen Weibern ist jeder von uns ein König.« Alle Beobachter bleiben dabei, dass Milevas Zustand auf die Anspannung zurückgeführt werden müsse, die mit Alberts Drängen auf Scheidung verbunden ist. Michele Besso setzt sogar seine langjährige und tiefe Freundschaft mit Albert aufs Spiel. Er unterstützt Mileva mit den Kindern vorbehaltlos und kritisiert Albert, was dieser seinem Freund wiederum vorwirft: »Lieber Michele! 20 Jahre haben wir uns gut verstanden. Und nun sehe ich in Dir einen Grimm gegen mich wachsen, eines Weibes wegen, das Dich nichts angeht. Wehre Dich dagegen! Sie wäre es nicht wert, wenn sie auch hunderttausendmal im Recht wäre!«

Letztendlich vergeht ein Monat nach dem anderen, in denen die Diskussion um das Scheidungsverfahren völlig zum Stillstand kommt. Albert muss akzeptieren, dass nicht er, sondern ausschließlich Mileva über die Einleitung des gerichtlichen Scheidungsverfahrens bestimmt. Für den Moment beschließt sie zu schweigen und sich zu verstecken. Abgeschirmt durch ihre Freunde, erzwingt Mileva eine Pause. Am 6. September 1916 schreibt Albert schließlich an Michele Besso: »Von jetzt an werde ich sie nicht mehr mit der Scheidung behelligen.« Und am 31. Oktober 1916: »Über das Befinden meiner Frau und das Wohlergehen meiner Buben wurde ich von Zangger auf dem Laufenden erhalten. Ich bin sehr glücklich, dass es nun doch, wenn auch langsam, besser geht. Ich werde dafür sorgen, dass sie von mir keinerlei Beunruhigung mehr erfährt.

Auf eine Scheidung habe ich endgültig verzichtet.« Diese Ruhe dauert bis zum Januar 1918. Mileva erholt sich nur langsam. Dann wagt Albert den zweiten Versuch und bittet Mileva, den für ihn so wichtigen Schritt zu tun. Er schreibt am 31. Januar 1918 an Mileva: »Das Bestreben, endlich eine gewisse Ordnung in meine privaten Verhältnisse zu bringen, veranlasst mich, Dir zum zweiten Male die Scheidung vorzuschlagen. Ich bin fest entschlossen, alles zu thun, um diesen Schritt zu ermöglichen. Durch besonders weitgehendes Entgegenkommen würde ich Dir im Falle der Scheidung bedeutende pekuniäre Vorteile gewähren. [...] Der Nobelpreis würde Dir – im Falle der Scheidung und für den Fall, dass er mir zuteil wird – a priori vollständig abgetreten.« Erstmals und aus freien Stücken bietet er ihr das Nobelpreisgeld an. Ein Triumph für Mileva! »Derart kolossale Opfer würde ich natürlich nur im Falle freiwilliger Scheidung bringen.« Wieder schlägt er Berlin als Gerichtsstand vor. »Alles würde ich hier besorgen, sodass Du weder Mühe noch irgend welche Unbequemlichkeiten hättest.« Das ungefähr eine Woche später verfasste Antwortschreiben Milevas liegt vor. Nach Alberts erstmaligem Angebot, den Nobelpreis an sie abzutreten, kommt Mileva aus ihrem Schlupfwinkel heraus, beendet ihr Schweigen und schreibt Albert sehr persönlich: »Ich begreife, dass Du eine freie Zukunft willst; ob es für Dich und Dein Schaffen nötig, weiss ich nicht, aber ich möchte Dir nicht im Wege stehen und vor Deinem Glück sein.« Trotzdem sieht sie im Gegensatz zu Albert keinerlei Eile geboten und vertröstet ihn auf später. »Aber es scheint mir alles leichter nach dem Krieg.« Als Zugeständnis erklärt sie sich bereit, ihren Anwalt Zürcher zu bitten, sich über das Verfahren zu erkundigen: »Es scheint nicht so einfach [...] Lasse doch Deinen Anwalt an Dr. Zürcher schreiben wie er sich alles denkt, wie der Vertrag sein soll.« Welch geschickter Schachzug: Mileva meldet sich nach langer Pause zu Wort, weil zum ersten Mal ein für sie akzeptables Angebot Alberts im Raum steht. Mithilfe des Nobelpreisgeldes könnte Mileva ihre Zukunft und die ihrer Söhne finanziell absichern. Mileva weiß als kluge Frau auch, dass sie den Bogen nicht überspannen darf. Würde sie weiterhin schweigen, wäre zu befürchten, dass Albert in Sturheit verfällt und von seinem Vorschlag abspringt. Sie erkennt ihre Chance! Als Wissenschaftlerin und Kennerin Alberts fachlicher Arbeit ist sie in der Lage, die Wahrscheinlichkeit, dass Albert tatsächlich den Nobelpreis erhalten wird, richtig einzuschätzen. Immerhin sind ihr seine Arbeiten, an deren Entstehung sie mit welchem Beitrag auch immer mitgewirkt haben mag, und deren Bedeutung vertraut. Für den Moment lässt sie ihre Entscheidung Albert gegenüber noch offen, lenkt aber vorsichtig ein. Kühl und mit klaren Worten teilt sie Albert mit, wie sie sich den Fortgang des Verfahrens vorstellt. Sie übergibt die Vertretung ihrer Interessen dem befreundeten, im gleichen Haus wohnenden Anwalt, entzieht sich so dem direkten Konflikt mit Albert

und gibt unmissverständlich zu verstehen, dass sie sich zeitlich nicht unter Druck setzen lässt. Albert muss erkennen, dass sie weiterhin in ihrem engsten Umfeld die nötige persönliche und juristische Unterstützung erhält. Es bleibt dabei, dass Mileva allein das Scheidungsverfahren steuert.
Wenige Tage später teilt Dr. Zangger Albert mit, dass es Mileva gesundheitlich wieder schlechter gehe und ein erneuter Krankenhausaufenthalt vonnöten sei. Mileva schöpft alle Möglichkeiten aus, gegen das Drängen Alberts Widerstand zu leisten, weiterhin unterstützt von ihren Freunden. Michele Bessos Frau Anna schreibt Albert am 4. März 1918 einen gesalzenen Brief. Albert hatte anklingen lassen, dass er für Elsa seine eheliche Situation klären wolle: »Legen Sie doch mal ein gutes Wort für mich bei Miza ein und machen Sie ihr klar, wie unschön es ist, anderen zwecklos das Leben zu erschweren!« Elsa ist für Anna jedoch ein rotes Tuch. Sie kontert: »Wenn Elsa sich nicht bloßstellen wollte, so hätte sie Ihnen nicht so auffällig nachlaufen sollen. Eine Mutter mit Kindern soll wissen was sie tut.« Und weiter: »Es wäre mir herzlich leid, wenn Sie nun das zweite Mal auch nicht das gewünschte Glück finden sollten. So denken auch Ihre Freunde, die beide sehr edelmütig und vernünftig überlegend sind.« Albert – sonst Verführer und Charmeur – wird jetzt von allen Seiten von Frauen in seine Schranken verwiesen. Mileva hat im Scheidungsverfahren das Zepter in der Hand. Elsa nörgelt zu Hause an ihm herum. Mutter Pauline setzt ihren

Sohn unter Druck und kann es kaum erwarten, dass er von der ungeliebten Ehefrau geschieden wird. Und nun auch noch Annas Tadel und Kritik! Er beginnt eine neue Strategie.

Seine Briefe an Mileva beginnt Albert ab März 1918 plötzlich wieder mit der Anrede »Liebe Miza!« und kehrt zu einer längst vergangenen Vertrautheit zurück. Der Druck auf Albert wächst und wächst, nicht zuletzt wegen der zunehmend fordernden Haltung Elsas. Sie ist es leid, nach jahrelanger Beziehung immer noch nur Geliebte und nicht Ehefrau zu sein. Interessant ist, dass Elsa schon im Jahr 1913, also Monate vor der Trennung, Albert zur Scheidung gedrängt hatte. Dies hatte Albert in einem Brief vom 2. Dezember 1913 wie folgt beantwortet: »Glaubst Du, es sei so leicht, sich scheiden zu lassen, wenn man von der Schuld des anderen Teils keinen Beweis hat [...]« Wie recht er mit dieser Vorahnung hatte!

Albert stellt im März 1918 irritiert fest, dass Mileva vergnügt klingt. »Liebe Miza! Ich habe mich über Deinen Brief sehr gefreut, weil ich aus demselben ersehe, dass Du wieder vergnügt in die Zukunft siehst, und dass Du auch mir gegenüber versöhnlicher gestimmt bist.« Wiederholt sagt Albert zu, Mileva den Nobelpreis abzutreten, sollte er ihn erhalten. Allein diese Aussicht könnte für Mileva Grund genug gewesen sein, vergnügt zu klingen! Der Wert der Auszeichnung wird rund 180 000 Franken entsprechen. Für diese Summe werden später drei Immobilien in Zürich gekauft und ein

Depot in Amerika eingerichtet. Dann endlich gibt es im April einen ersten Entwurf der Scheidungsvereinbarung, den Dr. Emil Zürcher junior erarbeitet hat. Mileva teilt Albert mit, dass das Scheidungsverfahren vor dem Bezirksgericht Zürich geführt werden wird. Damit ist der gerichtliche Ablauf des Verfahrens dem Einflussbereich Alberts elegant und endgültig entzogen. Albert fragt nach, ob sie darauf bestehe, zumal er immer noch der Auffassung sei, das Verfahren könne in Berlin rascher durchgeführt werden. Er schreibt: »Ich bin neugierig, was länger dauern wird, der Weltkrieg oder unsere Scheidung. Beides begann wesentlich gleichzeitig. Da ist diese unsere Angelegenheit immer noch die schönere.« Im Postskriptum fügt Albert noch hinzu: »Solange Du lebst, sollen die Kinder kein Verfügungsrecht über das vorhandene Geld bekommen (Nobelpreis), ausser natürlich im Falle, dass Du Dich verheiratest. Das Geld erscheint am besten gesichert, wenn es in der Schweiz und Dein Eigentum ist.« Der Ehebrecher, der angesichts der eindeutigen Lage gar nicht erst versucht, sich seiner Zahlungspflicht zu entziehen, beginnt das Verhandeln mit einem Feilschen um jede Mark und jeden Franken. Mileva macht es anders – und, wie sich zeigen wird, weitaus geschickter. Sie kommentiert Alberts erste Vorschläge zur Regelung des Unterhalts und der Finanzen erst einmal gar nicht, sondern schweigt. Albert bessert nach, Stufe um Stufe. Nachdem er seine bereits deutlich nach oben korrigierten Angebote einschließlich der Überlassung des Nobelpreises unterbreitet hat, überlässt es Mileva nun ihrem Anwalt Dr. Zürcher, Inhalt und Formulierungen der Vereinbarung in ihrem Sinn auszugestalten. Albert übermittelt dabei seine Vorschläge immer selbst. Er schaltet keinen Anwalt ein und wird bis zur Scheidungsverhandlung ohne anwaltliche Vertretung bleiben. Ob überhaupt und wenn ja welche Berater er hat, ergibt sich nicht aus dem Briefwechsel. Jedenfalls bittet er regelmäßig Mileva, seine Briefe, die er an sie schickt, Dr. Zürcher weiterzuleiten. Er schreibt: »Ich habe den Vertragsentwurf bekommen und lasse Herrn Dr. Zürcher herzlich für seine Hilfe danken. Ich habe nun meinerseits Aenderungsvorschläge hineinkorrigiert, die ich sogleich erläutern werde. Ich habe diese auch in *mein* Exemplar eingetragen. Du kannst mir dann dies Exemplar wieder zurücksenden mit Deinen Aenderungsvorschlägen, falls Du welche anbringen willst. Wenn wir dann einig sind, lasse ich zwei Abschriften machen, von denen Du die *eine* unterschrieben erhältst.« Auch rät er ihr, sich mit Michele in diesen Fragen zu beratschlagen. Albert beteuert, Mileva und den Kindern alles zu geben, was er besitze. Dies ist durchaus glaubhaft, da mehrmals in anderem Zusammenhang die Rede davon ist, Albert habe sich permanent in Geldnöten befunden und sich Kredite geben lassen. Seine Eltern hatten ihr Vermögen verloren. Seit dem Tod des Vaters unterstützt er seine Mutter finanziell. Ende Mai 1918 bittet Albert Mileva, die Scheidung nun endlich einzureichen. Dieser Bitte ging der Transfer einer größeren Geldsumme auf das Konto Milevas in der Schweiz voraus. Bereits wenige Tage später erinnert Albert Mileva in einem weiteren Brief daran, es endlich zu tun.

Einigkeit besteht sehr schnell zwischen Albert und Mileva hinsichtlich des bei Mileva allein verbleibenden Sorgerechts für die Söhne, wobei sie hinsichtlich der Besuchsregeln ebenfalls eine hartnäckige Verhandlungspartnerin ist. Schon von Beginn der Trennung an liegt es Mileva sehr am Herzen, dass die Söhne den Kontakt zum Vater halten, dieser aber nicht mit Belastungen für die Kinder verbunden sein darf. Insbesondere will Mileva verhindern, dass Hans Albert und Eduard Kontakt zu Alberts Familie in Berlin haben. Dies lässt sie Albert durch Anna und Michele Besso bereits im Oktober 1915 mitteilen: »Wir erkennen an die Berechtigung Deines Wunsches, mit Deinen Kindern ungestört zu verkehren, die Berechtigung der Bedenken deiner Frau dagegen, daß dieser Verkehr in der Nähe deiner berliner Verwandten sich abwickle. Die *daraus* sich ergebende Zwiespaltigkeit kann für die Harmonie der Seele des Kindes nur gefährlich werden. [...] Besser als ein Verkehr *in Berlin* wäre für die *Kinder*, ohne Zweifel, kein Verkehr, [...]« Treffen sind nur in Absprache mit ihr möglich. Albert stört sich daran, alles mit Mileva abstimmen zu müssen, und würde mehr Spontanität begrüßen. An dessen Einsicht appellierend und besorgt, schreibt Mileva am 5. November 1915 an Albert: »Auch glaube mir, dass wenn Albert das Gefühl hätte, dass das, was man von ihm verlangt, im Einvernehmen der beiden Eltern geschehe, er viel eher dazu gelangen würde, sich mit Dir ruhig freuen zu können, als in der Empfindung, Du handlest als Feind gegen diese kleine Welt, die ich den Kindern hier aufgebaut habe, in der sie leben und die sie lieben.« Dieser Satz spiegelt glasklar Milevas Bemühen, ihren Kindern eine kleine heile Welt zu schaffen und ihnen diese zu bewahren! Im Ergebnis darf Albert die Buben nur treffen, wenn er sich in die Schweiz begibt. Einen Kontakt mit der verhassten Großfamilie Einstein, insbesondere seiner Geliebten, verhindert Mileva somit. Zu den Vorschlägen Milevas teilt er nur geringfügige Änderungswünsche mit. »Vielleicht könnte in den Vertrag statt ›in der Schweiz‹ ›ausserhalb des Wohnortes von Prof. Einstein‹ oder etwas ähnliches gesetzt werden; übrigens lege ich keinen Wert darauf.« Wenige Tage zuvor hatte Albert noch voller Entrüstung gefragt: »Du wirst doch nicht verlangen wollen, dass ich [in Friedenszeiten] immer in die Schweiz kommen muss, um die Kinder zu sehen. Eine solche Zumutung wird kein gerechter Mensch billigen, der die Verhältnisse kennt.« Den Kampf um die Kinder gibt Albert schnell auf, ob aus Rücksicht auf die Kinder oder aus Gleichgültigkeit, sei dahingestellt. In der endgültigen, im Scheidungsurteil enthaltenen Vereinbarung wird es heißen: »Frau Mileva Einstein verpflichtet sich, während der Zeit der Schulferien die Kinder dem in der Schweiz sich aufhaltenden Vater zu überlassen.« Es bleibt also nicht nur bei der Einschränkung des Ortes auf die Schweiz, sondern darüber hinaus auch auf die Zeiten der Schulferien. Ein weiterer Erfolg für Mileva!

Schließlich ist die schriftliche Vereinbarung, die Mileva später im Prozess dem Richter vorlegen muss, am 12. Juni 1918 fertig. Erneut bittet Albert am 9. Juli Mileva, »die Scheidung sogleich einzureichen, dass die Angelegenheit endlich in Ordnung kommt«. Im gleichen Monat schreibt Albert an seinen Freund Michele: »Ich wäre auch Mileva treu geblieben, wenn es mit ihr auszuhalten gewesen wäre. In dieser Beziehung hast Du von mir eine ganz unzutreffende Meinung, das weiss ich. [...] Mileva aber war für mich absolut unerträglich. Wenn sie nicht meine Frau ist, kann ich sie ganz gut leiden; sogar als Mutter meiner Buben ist sie mir recht. Nur leben kann ich nicht neben ihr. Seit sie weg ist, ist es mir unvergleichlich wohler, wahrscheinlich auch ihr, abgesehen von ihrer Krankheit, die Ihr wohl ganz mit Unrecht mit der Trennung in Zusammenhang gebracht habt.« Albert leugnet die schwere Betroffenheit Milevas und ist weiter ungehalten darüber, dass seine Freunde die Erkrankung Milevas auf die Trennung zurückführen.

Endlich beauftragt Mileva ihren Anwalt mit der Einreichung des Scheidungsantrages. Am 9. Juli 1918 erteilt sie Dr. Zürcher die Vollmacht hierzu. Am 13. Juli reicht Mileva durch ihren Anwalt die Scheidung beim Friedensrichteramt in Zürich aufgrund des Ehebruches ihres Ehemannes gemäß Art. 137 des Schweizer Zivilgesetzbuches ein. Albert unterbreitet am 31. August 1918 ein Schreiben, in dem er die Gründe für die Scheidung darlegt. Nachdem Mileva Nachdruck auf die besondere Härte ihrer Angelegenheit legt, wird die übliche achtwöchige Wartefrist erlassen und es wird angeordnet, die Akte am 5. September 1918 an das Bezirksgericht Zürich zu verweisen. Das gerichtliche Scheidungsverfahren nimmt am nächsten Tag seinen Lauf. Albert ist hocherfreut, endlich geschieden zu werden. Am 23. September 1918 schreibt er an Schwager, Schwester und Mutter: »Mir geht es vorzüglich, sowohl gesundheitlich wie auch sonst. Ich lebe neu auf, da mir nun mein grosser, heisser Wunsch in Erfüllung geht. Gottes Mühlen [...]« Mileva aber muss wieder ins Krankenhaus, kann nicht persönlich vor Gericht erscheinen. Dr. Zangger schreibt ein Attest zur Entschuldigung ihres Fernbleibens. Letztendlich wird Mileva das Verfahren nun laufen lassen, persönlich auftreten wird sie vor Gericht nie.

Weitere Umstände kommen Mileva entgegen, die zu einer erneuten Verzögerung führen: Die Schweizer Richter ordnen die Anhörung Alberts in Berlin an, nachdem dieser mitgeteilt hatte, nicht in der Lage zu sein, bei dem Prozess in Zürich anwesend sein zu können. Albert hat die Fragen zu beantworten, 1. ob es richtig sei, dass er Ehebruch begehe, wann und mit wem und wann seine Ehefrau davon erfahren habe, 2. ob er einen eigenen Scheidungsgrund angeben möchte und 3. ob er die Scheidungsvereinbarung vom 12. Juni 1918 unter Beachtung seiner finanziellen Lage, die Übertragung der alleinigen Sorge für die Kinder auf seine Ehefrau und die Bedingungen für Besuche akzeptiere. Am 4. November 1918 wird die Gerichtsakte für zehn Tage nach Berlin geschickt. Sie kommt am 12. November 1918 an und wird am 22. November 1918 wieder unbearbeitet zurückgesandt. Anfang Dezember 1918 schreibt Albert an seinen Freund Michele Besso: »Meine Scheidungsangelegenheit ist ein Spass für alle, die darum wissen. Jetzt hätte ich einvernommen werden sollen an einem hiesigen Gericht, habe aber die Einladung zu spät bekommen. Unterdessen sind die Akten wieder nach Zürich zurückgesandt worden!« Albert erhält vom Gericht für sein Fernbleiben eine für damals erhebliche Ordnungsbuße in Höhe von 10 Franken, die jedoch später im Scheidungsurteil wieder aufgehoben wird. Am 23. Dezember 1918 muss Albert nun vor dem Königlichen Amtsgericht in Berlin-Schöneberg erscheinen und wird zur Ehescheidungssache angehört. Der eigentliche Anhörungstermin war zwar auf den 3. Januar 1919 bestimmt. Albert bittet jedoch um frühere Vernehmung, weil er zum geladenen Termin verhindert sei. Immerhin beschleunigt er dadurch das Verfahren aus seiner Sicht um ein paar Tage. Er erklärt: »1. Es ist richtig, dass ich Ehebruch begangen habe. Ich lebe seit etwa 4 ½ Jahren mit meiner Kusine, der Witwe Elsa Einstein geschiedenen Löwenthal, zusammen und unterhalte seitdem fortgesetzt intime Beziehungen. Meine Frau, die Klägerin, hat seit Sommer 1914 Kenntnis davon, daß ich in intimen Beziehungen zu meiner Kusine stehe. Sie hat mir gegenüber ihre Ungehaltenheit darüber zu erkennen gegeben. 2. Ich will meiner Ehefrau gegenüber einen selbständigen Scheidungsgrund nicht geltend machen. 3. Die Vereinbarung vom 12. Juni 1918 betreffend die vermögensrechtlichen Folgen der Scheidung und die Zuteilung der Kinder an meine Ehefrau genehmige ich. Ich bin auch mit dem Besuchsrecht der Kinder in der Weise einverstanden, daß sie mir während meines Aufenthalts in der Schweiz über die Schulferien überlassen werden.« Die Scheidungsakte geht zurück nach Zürich. Der für das Gericht notwendige Sachvortrag ist abgeschlossen. Am Schluss der Ehe von Mileva und Albert findet am 14. Februar 1919 der Scheidungstermin statt. Beide bleiben diesem fern. Sie werden in Abwesenheit geschieden. Zwar hält sich Albert in Zürich auf, wie sich aus dem Sitzungsprotokoll ergibt, das zum Wohnort des Beklagten die Angabe »z. Zt. in der Pension Sternwarte, Hochstrasse Zürich 7« enthält. Anwesend sind jedoch nur der Vizepräsident des Bezirksgerichts und zwei weitere Richter sowie Milevas Anwalt Dr. Zürcher. In Punkt 1. des Scheidungsurteils heißt es dann: »Die Ehe der Parteien wird gestützt auf Art. 137 des Z. G. B. geschieden.« Dem Beklagten wird weiter per Urteil verboten, für die Dauer von zwei Jahren eine neue Ehe einzugehen. Albert wird sich mit einem schallenden Lachen über dieses nur in der Schweiz geltende Verbot hinwegsetzen. Bereits vier Monate später heiratet er in Berlin schlussendlich seine Cousine und langjährige Geliebte Elsa. Das Trennungs- und Scheidungsverfahren zieht sich fünf lange, kräftezehrende Jahre hin. Im Kampf um ihre Zukunft wird Mileva die wichtigste Person für ihre Kinder. Wieder spielt sie die Rolle einer Vorreiterin. Sie ist die starke Frau und Mutter, die eine Scheidung erträgt und das Beste aus dieser Situation zum Wohl ihrer beiden Kinder macht. Die Erfolge Milevas müssen umso höher eingestuft werden, als die rechtliche Stellung der Ehefrau im damals geltenden Rechtssystem der Schweiz sehr schwach war. Die Ehefrau stand unter der Vormundschaft des Ehemannes und war in ihrer Handlungsfähigkeit massiv eingeschränkt, hatte kaum Entscheidungs- und Mitsprachebefugnisse. Es wird bis in die zweite Hälfte des 20. Jahrhunderts dauern, bis sich diese Situation für eine schweizerische Ehefrau während der Ehe und im Falle einer Scheidung deutlich verbessern wird. Nichtsdestotrotz hat sich Mileva in der Schweiz vor einem dortigen Gericht bei schwieriger, frauenfeindlicher Rechtslage in allen wichtigen Bereichen des künftigen Familienlebens gegen Albert durchsetzen können. Ihr gelingt es nicht nur, neben dem starken Ehemann, Vater und rechtlichen Haupt der Familie zu bestehen, sondern sich gegen ihn zu behaupten. Zum Zeitpunkt der Scheidung ist Mileva 43 Jahre alt und alleinerziehende Mutter, Albert ist knapp 40 und kurz vor dem Erhalt des Nobelpreises, Hans Albert ist 14 und verbittert, Eduard ist 8 und verstört. Trotz ihrer gesundheitlichen Angeschlagenheit als Ergebnis des jahrelangen Streitens und ihrer Sorgen um die Kinder absolviert Mileva diese Lebensprüfung als Beste. Sie sichert sich das alleinige Sorgerecht für die Kinder, ein finanzielles Polster in Form des bereits in Aussicht stehenden Nobelpreisgeldes und den dauerhaften Verbleib in ihrer geliebten Stadt Zürich. Albert, der künftige Nobelpreisträger und das Genie, ist diesmal der große Verlierer. Er verliert seine Familie, seine einzigen leiblichen Kinder, vor allem deren Liebe, Zugehörigkeit und Respekt und obendrein ein Vermögen. Die Scheidung bedeutet für Mileva erneut einen gesellschaftlichen Makel. Schon die Schwangerschaft mit Lieserl als ledige, junge Frau lehrte sie den Umgang mit einem ähnlichen Stigma. Als geschiedene Frau, die innerhalb der gesellschaftlichen Strukturen in der Schweiz einer Randgruppe angehört, muss sie ihren Platz neu finden. Eingebettet in ihre Familie und ihren Freundeskreis, wird Mileva sich über Vorurteile hinwegsetzen und die nächste Herausforderung annehmen.

Die Buben werden groß, sind forsch und voller Unternehmungsgeist, Fotografie aus dem Jahr 1919.

»Ich wohne bei meiner ersten Frau«

Blick nach vorn

Eduard skizziert 1929 diesen Querschnitt durch (s)einen Maturandenkopf.

In den folgenden Jahren versucht Mileva, Ruhe in ihr Leben und das ihrer Kinder einkehren zu lassen. Die belastenden Streitereien mit Albert sind endlich vorbei, die neuen Lebensumstände geregelt. Mileva hat das erstrittene Nobelpreisgeld erhalten. So kann sie mit den Buben ein harmonisches Leben in aller Zurückgezogenheit führen. Zwar trifft Mileva mit dem Tod ihres Vaters im Jahr 1922 viel zu schnell ein neuer Schicksalsschlag. Er wird ihr als Ratgeber und zuverlässige Stütze fehlen. Aber Mileva schöpft immer neuen Lebensmut aus ihren Kindern. Große Unterstützung bekommt sie von ihren Freundinnen aus Jugend- und Studientagen, mit denen sie regen Kontakt hält. Die Familien verabreden sich zu gemeinsamen Ferienaufenthalten und Urlauben. So hat Mileva vertraute Gesprächspartnerinnen um sich, Hans Albert und Eduard können sich mit gleichaltrigen Spielgefährten austoben.

Mileva kümmert sich intensiv um die Schullaufbahn ihrer Kinder, weiß sie doch aus eigener Erfahrung, wie wichtig eine gute Schulbildung ist. Sie begleitet die Jungen auf ihrem Schulweg. Zu Hause betreut sie die Hausaufgaben und ist bei Bedarf eine kompetente Nachhilfelehrerin in sämtlichen Schulfächern. Beide profitieren davon und sind sehr gute Schüler. Neben der Schule bleibt genug Freizeit für ausgiebige Wanderungen und Erkundungstouren durch die Natur, für die sich alle begeistern. Im Sommer sammeln sie Pilze und Beeren, die zu einem köstlichen Mahl verarbeitet werden. Im Winter gibt es ausgelassene Schneeballschlachten.

Gleichzeitig kann Mileva die eigene Neugier auf naturwissenschaftliche Zusammenhänge stillen. Ihre bereits fundierten Kenntnisse in Pflanzenkunde beginnt Mileva zu vertiefen. Voller Eifer besucht sie oft den Botanischen Garten der Universität Zürich. Sie beginnt, Blumen zu züchten. Ihr besonderes Interesse gilt den Kakteen. Überall in der Wohnung und auf dem Balkon blüht es in voller Pracht. Albert lebt sein Leben fernab in Berlin. Beruflich mag er sich auf dem Höhepunkt befinden. Ob er in Elsa wirklich eine dauerhafte Liebe gefunden hat, ist fraglich. Immerhin ist bekannt, dass er darüber nachgedacht hatte, nicht die 42-jährige Elsa, sondern deren 20-jährige Tochter Ilse zu heiraten. Im Mai 1918 schreibt Ilse an einen Freund: »Gestern plötzlich wurde die Frage gestellt, ob A. Mama oder mich heiraten wolle. Diese Frage, zuerst halb im Scherz ausgesprochen, wurde innerhalb weniger Minuten eine ernste Angelegenheit, die nun voll und ganz überlegt und besprochen werden muß. [...] Heiraten ist doch eine verteufelt dumme Sache! A. meinte auch, wenn ich nicht den Wunsch hätte, ein Kind von ihm zu haben, wäre es für mich schöner, *nicht* mit ihm verheiratet zu sein. Und diesen Wunsch habe ich wirklich nicht.« Vielleicht enthalten diese Zeilen einen Hinweis darauf, dass Albert ernsthaft überlegt haben mag, privat nochmals ganz von vorne anzufangen und eine neue, junge Familie zu gründen. Ilse hat ihm die Entscheidung abgenommen. Geheiratet hat er bekanntlich dann doch die Mutter. Ein beständiges privates Gleich-

Albert und Elsa Einstein im Jahr 1921

gewicht scheint Albert trotzdem nicht zu finden. Seine zweite Ehe weist deutliche Parallelen zu seiner ersten auf. Von neuen Affären mit diversen Frauen ist die Rede. Elsa dürfte genügend Gründe zur Eifersucht gehabt haben. Auch Alberts zweite Ehefrau muss sich mit der Frage befassen, ob die Fortsetzung der Ehe noch Sinn ergibt. Entweder sie nimmt Alberts Eskapaden oder eine weitere Scheidung hin. Elsa allerdings badet zu gerne im Ruhm – Ilse spricht vom »äußeren Glanz« – ihres Mannes. Sie bleibt bis zu ihrem Tod seine Ehefrau, auch wenn sie eher die Rolle der mütterlichen Stütze einnimmt, die Albert den Rücken frei hält, ihn mit schwäbischen Leckerbissen verwöhnt und von der unbarmherzigen Öffentlichkeit, der sich Albert angesichts seiner zunehmenden Bekanntheit ausgesetzt sieht, abschirmt.

Hans Albert geht inzwischen unbeirrbar seinen Weg. Er macht das Abitur und beschließt, Ingenieurwissenschaften zu studieren. Die Studienwahl wird zum Streitpunkt zwischen ihm und seinem Vater, der seinen Plan widerwärtig gefunden haben soll. Albert erwartet, dass Hans Albert in seine Fußstapfen als Wissenschaftler tritt, hat in seinen Augen doch nur das wissenschaftliche Forschen einen Anspruch auf akademische Anerkennung, nicht die praktische Umsetzung. Hans Albert lässt sich nicht umstimmen und studiert sein Wunschfach an der ETH Zürich – und kehrt damit an die erste Wirkungsstätte seiner Eltern zurück. 1926 schließt er sein Studium ab. Ein Jahr später heiratet er Frieda Knecht, eine Lehrerin für Deutsch und Literatur. Frieda ist neun Jahre älter als er. Die Heirat erfolgt gegen den Willen seines Vaters. Wieder verläuft Hans Alberts Leben in ähnlicher Weise wie das seiner Eltern. Bösartig schreibt Albert über Frieda: »Die Schachtel, die ganz klein ist, einen Kropf und die Mutter im Irrenhaus hat und zehn Jahre älter ist.« Albert kann nicht vergessen haben, wie groß der Widerstand seiner eigenen Mutter war, als er verkündete, »sein Doxerl« heiraten zu wollen. Er wird sich nie mit seiner »sauberen Schwiegertochter« aussöhnen. Das junge Ehepaar zieht nach Deutschland. Hans Albert erhält eine Anstellung bei einem Stahlunternehmen in Dortmund. Er ist federführend am Bau der Prinz-Tomislav-Brücke in Novi Sad beteiligt. Sie gilt damals als eine der modernsten und schönsten Brücken Europas. Mileva ist sehr stolz auf ihren Sohn. 1931 kehrt die Familie zurück nach Zürich. Hans Albert schreibt seine Doktorarbeit und lehrt an der ETH. 1938 erfolgt die Emigration in die USA. Frieda und Hans Albert haben drei Söhne, Bernhard, Klaus und David. Unglücklicherweise sterben die beiden jüngeren Buben innerhalb eines Jahres nach der Ankunft in Amerika. Später adoptieren sie die Tochter Evelyn. Sie ist es, die lange nach dem Tod ihrer Großeltern und Eltern im Nachlass ihrer Mutter die zwischen Mileva und Albert geschriebenen Liebesbriefe finden und veranlassen wird, dass die Briefe Ende der 1980er-Jahre veröffentlicht werden. Beruflich hat Hans Albert großen Erfolg und lehrt am

Ende seiner Laufbahn – treu seiner von Kind auf bestehenden Liebe zu strömendem Wasser – als Professor für Hydraulik an der University of California, Berkeley. Der frühe und plötzliche Tod seiner geliebten Frau trifft Hans Albert schwer, jedoch findet er Glück in einer zweiten Ehe. Auch in Amerika wird sich sein Verhältnis zum Vater problematisch gestalten. Noch immer sitzen die Verletzungen aus Kindertagen, die aus dem Weggang und Verrat des Vaters herrühren, tief in seinem Inneren. Nicht zuletzt ist es Milevas schlichtendem Eingreifen zu verdanken, dass die beiden schlussendlich doch noch zu einem höflichen Umgang miteinander finden. In der Öffentlichkeit aber wird sich Albert nur sehr selten über seine Söhne äußern, Eduard verschweigt er nahezu ganz.

Eduards Leben verläuft verglichen mit dem seines Bruders völlig anders. Seine glücklichste Zeit sind die Jahre am Literaturgymnasium. Dort trifft er auf Gleichgesinnte. Seine Schulkameraden schätzen den ruhigen und liebenswürdigen Mitschüler. Einer von ihnen beschreibt Eduard später so: »Ich erinnere mich sehr gut an die sympathische Art, wie sich Eduard Einstein immer gab, an seine Einfachheit ohne jede Allüre, an seine bestechende Intelligenz.« Fühlt man sich bei diesen Worten nicht sofort an Mileva erinnert? Eduard fängt an, Texte und Gedichte zu schreiben. Dann wird er zum Mitverfasser von Klassen- und Schülerzeitungen. Er macht sich innerhalb der Schule einen Namen als angehender Dichter und Literat. Von seinen Klassen-

Mileva mit ihren Söhnen Hans Albert (links) und Eduard (Mitte) sowie Hans Alberts erster Frau Frieda Knecht auf dem Balkon ihrer Wohnung in der Züricher Huttenstraße, um 1931.

kameraden wird er geschätzt und bewundert. Mit seiner hinter Ironie versteckter Kritik gegenüber Lehrern, Unterricht und Schulbetrieb spricht er seinen Mitschülern aus tiefster Seele. Seine Begabungen liegen in den Sprachen, für die Fächer Mathematik und Physik interessiert er sich nur wenig. Im Alter von 16 Jahren schreibt er folgendes Gedicht:

Geometriestunde

Der Lehrer an der Tafel stand,
Der Schüler schaute wie gebannt.
Er sah, wie jener Striche machte,
Er sah die Striche an und dachte:
»Ich höre, dass der Lehrer spricht,
doch was er spricht, versteh' ich nicht!«
Der Striche werden immer mehr,
der Schüler atmet bang und schwer.
Er dachte sich: »Wie schlimm ist das:
man sieht etwas und weiss nicht was!«
Noch einmal suchte er den übeln
Sinn jener Zeichnung zu ergrübeln,
dann ward ihm schwach. Er hörte kaum
der Worte Singsang wie im Traum.-
»Es ist ein Spauz!« --- Und er erwachte,
er sah die Striche an – und dachte.

Eduard, von seine Schulkameraden liebevoll »Edi« genannt, ist nicht besonders ehrgeizig und strebsam. Viel wichtiger sind ihm das Dichten, das

Klavierspiel und die Psychologie. Ein weiterer Klassenkamerad schreibt über Eduard: »Dieser etwa 15jährige Jüngling berichtete kurz und bündig, was Freud an wesentlichen Erkenntnissen gefunden habe oder was bei Rilke wichtig oder unbedeutend sei, worauf wir an seinen zwei Klavieren mit großem Krach Honeggers ›Chant de joie‹ oder Regers Mozart-Variationen zusammenschmetterten, bis seine Mutter herbeieilte und uns beschwor, den Radau ein wenig zu dämpfen.« Diese Szene zeigt die Fröhlichkeit und Ausgelassenheit, die bei Familie Einstein-Marić zu Hause vorherrscht. Sie zeigt auch, wie sehr Mileva darauf achtet, ihren Kindern Freiräume und Entfaltungsmöglichkeiten in unbeschwerter Umgebung zu ermöglichen, was ihr offensichtlich auch gelingt. Eduard macht 1929 Abitur. Mit Freunden fährt er nach Florenz und feiert den Schulabschluss. Danach beginnt er, Medizin zu studieren, weiter mit dem Plan, sich später auf Psychologie zu spezialisieren und Psychoanalytiker wie sein großes Vorbild Sigmund Freud zu werden. Seine nervösen Störungen treten häufiger und massiver auf.

In dieser Zeit nähern sich Mileva und Albert wieder an. Aus den Treffen mit den Söhnen werden Besuche zu Hause, und bald schon quartiert sich Albert wie selbstverständlich bei Mileva ein, wenn er an der Universität in Zürich zu tun hat. Und er macht kein Geheimnis daraus: »Ich wohne bei meiner ersten Frau.« Ein Skandal! Aber Mileva und Albert sind sich zumindest in diesem Punkt wieder einmal einig: Sie unterwerfen sich keinen gesellschaftlichen Zwängen, Gerede interessiert sie nicht. Es werden wieder lange Gespräche geführt, gemeinsam wird musiziert. Mileva genießt Alberts Anwesenheit und die familiäre Vertrautheit. Ihr Gefühlsleben bleibt im Verborgenen. »Mileva war in ihrer Erregung voll von geistigem Liebreiz, machte geistvolle Bemerkungen und Scherze. Sie war wie von einem inneren Feuer beleuchtet, schön wie eine Blume, die sich nur den Sonnenstrahlen öffnet. Sie war wirklich eine ganz ungewöhnliche Frau, wie Einstein einst zu Hurwitz geäussert hatte. Verschlossen und schweigsam, war sie dennoch lieb und herzlich, in allem natürlich und ungezwungen.« – So beschreibt sie ihre erste Biografin in dieser Zeit.

Der nächste Tiefschlag jedoch lässt nicht lange auf sich warten und das kurzfristig wiedererwachte Familienleben endet. Eduards Gesundheitszustand verschlechtert sich dramatisch. In der Annahme, fliegen zu können, steigt er auf das Fensterbrett seines Zimmers im dritten Stockwerk und will abheben. Nur mit letzter Kraft kann Mileva seinen Sprung in den Tod verhindern. Ihr wird klar, dass sie Eduard keine Sekunde mehr unbeaufsichtigt lassen kann. Seinem zweiten Gesicht, Anfällen voller Aggressivität, ist sie nicht mehr gewachsen. Ein unglücklich verlaufenes Liebesabenteuer mit einer verheirateten Frau zieht Eduard noch tiefer hinab. Mileva bleibt keine Wahl. Eduard muss in die Psychiatrische Universitätsklinik Burghölzli bei Zürich eingewiesen werden, wo Schizophrenie dia-

gnostiziert wird. Phasenweise kann er nach Hause zurückkehren. Mileva nimmt einen Betreuer bei sich auf. Noch können Mutter und Sohn gemeinsame Spaziergänge machen. Die Natur hilft Tete schneller als jede Arznei, zur Ruhe zu kommen. Eduard vermisst seinen Vater, vielleicht hofft er insgeheim sogar, Albert würde ihn zu sich nach Berlin holen. Dazu kommt es nicht. Eduard empfindet nur noch Ablehnung für seinen Vater. Verschiedenste Behandlungsmethoden führen nicht zur Besserung seines Zustands. Eduards Intelligenz verschwindet von Jahr zu Jahr hinter den Schleiern seiner Krankheit. Auch äußerlich wird der einst gutaussehende junge Mann bald nicht mehr zu erkennen sein, viel zu stark wirken die Medikamente. Abgesehen von wenigen Unterbrechungen wird Eduard den Rest seines Lebens, viele Jahre unter amtlicher Betreuung stehend, in Burghölzli verbringen. Seine ehemaligen Schulkameraden werden sich als betagte Männer und lange nach seinem Tod einig sein, »dass uns durch seine Krankheit ein grosser Literat, Kritiker, Dichter und Psychologe – sowie ein liebenswerter Mensch verloren gegangen ist«.
Albert ist unfähig, mit der Erkrankung Eduards, der als sein Lieblingskind gilt, umzugehen, und distanziert sich. Wie vermutlich auch im Falle Lieserls taucht er in jenem Augenblick unter, in dem eine Erkrankung seines Kindes festgestellt wird, und ist nicht in der Lage, seiner Familie zu helfen. Letztendlich kommt es nicht darauf an, warum er so handelt. Mag sein aus Furcht vor jeglicher Krank-

heit oder speziell der Geisteskrankheit seines Kindes, aus Misstrauen gegenüber den Heilungsmethoden der Medizin oder aus fehlender Empathie. Neue Probleme kommen auf Mileva zu. Um die hohen Arzt- und Krankenhausrechnungen bezahlen zu können, ist sie gezwungen, zwei der drei vom Nobelpreisgeld gekauften Häuser wieder abzustoßen. Albert muss zugutegehalten werden, dass er sich von Berlin aus mit vielen Schreiben an die behandelnden und befreundeten Ärzte für eine gute medizinische Versorgung seines Sohnes einsetzt.

Alberts Leben hat sich vollständig verändert. Inzwischen ist er zum Weltstar aufgestiegen. Das Interesse an seiner Wissenschaft und seiner Person ist international, zu vielen Vorträgen und öffentlichen Auftritten reist er ins Ausland. Innerhalb Deutschlands stößt er als Jude zunehmend auf Ablehnung, Widerstände und Entrechtung bahnen sich an. Als Hitler Ende Januar 1933 an die Macht kommt, halten sich Albert und Elsa gerade in Princeton auf, wo er am Institute for Advanced Study forscht und Vorlesungen hält. Die beiden kehren nochmals zurück nach Europa, bleiben aber überwiegend in Belgien, von wo aus Albert die Entwicklung in Deutschland beobachtet, deutschen Boden betritt er nicht mehr. Die Stadtwohnung in Berlin Haberlandstraße und das Sommerhaus in Caputh bei Potsdam werden von den Nazis ausgeraubt und demoliert, sein Vermögen beschlagnahmt. Dem Rausschmiss aus der Preußischen

Akademie der Wissenschaften kommt er durch Austritt, dem Einzug seines deutschen Passes durch Aufgabe der deutschen Staatsbürgerschaft zuvor. Im Herbst gehen Albert und Elsa in die USA. Zuvor macht er noch einen Abstecher nach Zürich und besucht Eduard ein letztes Mal. Von diesem Jahr an sehen Mileva und Eduard den geschiedenen Ehemann und den Vater nie wieder.

Milevas zweite Lebenshälfte nach Trennung und Scheidung ist geprägt von der unermüdlichen Sorge für ihre Kinder. Sie verdient Bewunderung und Anerkennung angesichts ihres aufopfernden Einsatzes für beide Kinder. Wie schwer es für eine Mutter sein muss, den geistigen Verfall des eigenen Kindes machtlos mitansehen zu müssen, kann nur erahnt werden. Das bereits durch den Tod Lieserls erlebte Leid wiederholt sich. Erneut wird sie mit der Frage nach der Ursache für die Erkrankung ihrer Kinder konfrontiert. Albert und dessen Familie finden darauf schnell eine Antwort: Schuld an Eduards Geisteszustand muss Milevas Erbgut sein. Immerhin wird auch das seelische Ungleichgewicht ihrer Schwester Zorka als Geisteskrankheit gewertet. Klare, medizinisch fundierte Zusammenhänge können nicht hergestellt werden.

In den Jahren 1935 und 1938 sterben Milevas Mutter, ihr Bruder Miloš und ihre Schwester Zorka. Damit geht die heimatliche Zufluchtsmöglichkeit endgültig verloren. Hans Albert und Frieda kommen, so oft es geht und die Wirren des Zweiten Weltkrieges es zulassen, in die Schweiz. Mit Albert schreibt sie sich weiter Briefe. In gewisser Weise wird sie ihm ihr Leben lang treu bleiben. Nach Albert gibt es keinen Mann mehr an ihrer Seite. Er bleibt ein Teil ihres Lebens und umgekehrt. Ihre Verbindung geht weit über die markanten, gemeinsam verbrachten Jugend- und Ehejahre hinaus. Mileva und Albert brauchten sich immer gegenseitig, auch nach der Scheidung sucht Albert Kontakt zu Mileva. Von einer Versöhnung zu sprechen wäre wohl Übertreibung. Aber es gibt mehrere beständige Bindeglieder zwischen ihnen: die drei Kinder Lieserl, Hans Albert und Eduard, die erfolgreiche wissenschaftliche Arbeit in Bern und Zürich, die immer präsent und wichtig gebliebene Liebe zu Natur und Musik. Außerdem sind beide Vorreiter: Mileva als eine der ersten Studentinnen und Wissenschaftlerinnen, als moderne Ehefrau, Geschiedene und Alleinerziehende. Albert als Genie, Pazifist und Verfechter von Menschenrechten.

Den monetären Wert des Nobelpreises hat sich Mileva angesichts ihrer zeitlebens mühevollen Arbeit mehr als verdient. Ihrer starken Haltung im Scheidungsverfahren und einem Grundvertrauen darauf, dass Albert den Nobelpreis zu späterer Zeit tatsächlich erhalten wird, haben Mileva und die Söhne es zu verdanken, dass sie zumindest materiell ein gutes Leben führen können. Es darf nicht vergessen werden, dass Mileva auch nach der Scheidung und trotz der schwierigen, von zwei Weltkriegen bestimmten Zeiten ein privilegiertes Leben führen konnte. In einer zauberhaften und sicheren

Stadt hatte sie immer ihre eigenen vier Wände, konnte Gäste beherbergen, Musik- und Leseabende veranstalten, aber auch Theater- und Konzertbesuche gehörten zum Alltag. Mit Freunden unternahm sie schöne Reisen und Ausflüge in die Natur. Sie hat mit ihren Mitteln um diese Absicherung gekämpft. Nachdem Albert durch die gesamte Trennungsphase und im Scheidungsverfahren einen eher passiven Part einnahm, darf nicht länger davon die Rede sein, er habe seine erste Frau erpresst, sie zur Scheidung gezwungen, sich freigekauft. Vielmehr hat Mileva Forderungen gestellt und Albert diese erfüllt. So schreibt Albert am 17. Dezember 1922 von seiner Japanreise aus Kyoto an seine Söhne: »Jetzt kriegt Ihr also wirklich den Nobelpreis. Seht Euch um das Haus um. Das Übrige wird auf Euren Namen irgendwo angelegt werden. Ihr seid dann so reich, dass ich Euch weiss Gott noch einmal werde anpumpen müssen, je nachdem es gehen wird.«

Neben Geld, das seine Buben »reich« machen soll, will Albert ihnen jedoch ein viel wertvolleres Vermächtnis hinterlassen. Schon inmitten der Scheidungsverhandlungen schreibt er: »Jedenfalls wird das beste, was ich meinen Buben vermachen kann, bezw. was sie von mir erben nicht Geld sein sondern ein guter Kopf, ein zufriedener Sinn und ein tadelloser und guter Name, der überall auf der Erde, wo wissenschaftsliebende Menschen wohnen, bekannt ist. Wenn sie ganze Menschen werden, so werden sie es weniger schwer haben als ich vor 20 Jahren.«

Der rote Faden der Durchsetzungskraft zieht sich durch Milevas ganzes Leben. So wird Mileva 73 Jahre alt, für die damalige Zeit ein recht hohes Alter. Sie bleibt immer selbstbewusst, wie folgende Beispiele zeigen: Obwohl sie Albert das Gegenteil verspricht, hebt sie 45 Jahre lang die einander geschriebenen Liebesbriefe auf. Sie kann davon ausgehen, dass sie nach ihrem Tod entdeckt werden, und wird erahnt haben, dass die Welt durch sie vom Lieserl erfahren wird. Das Nichtzerstören, sondern Verstecken und Aufbewahren der Liebesbriefe, kann als Akt Milevas gesehen werden, um ihrer immer verheimlichten, endlos betrauerten und schmerzlich vermissten Tochter Lieserl späte Anerkennung zuteilwerden zu lassen. Außerdem plant Mileva 1925, also schon wenige Jahre nach der Scheidung, eine Autobiografie zu schreiben. Es muss noch viele Geheimnisse im Leben Milevas mit Albert geben. Nur so lässt sich Alberts Reaktion erklären, als er davon erfährt: »Meine Heiterkeit hast Du entfesselt, indem Du mir mit Deinen Memoiren drohst. Überlegst Du Dir denn gar nicht, dass keine Katze sich um ein solches Geschreibsel kümmern würde, wenn der Mann, mit dem Du es zu tun hast, nicht zufällig etwas besonderes geleistet hätte? Wenn man eine Null ist, so ist nichts dagegen einzuwenden, aber man soll schön bescheiden sein und das Maul halten. Das rate ich Dir.« Bei aller Kenntnis seiner Launen erstaunt die Heftigkeit seiner Worte und regt gleichzeitig zum Nachdenken an. Bereits zur damaligen Zeit waren seine

Unarten, seine permanente Untreue, alle Facetten seiner Ungepflegtheit und seine Ungerechtigkeit Mitmenschen gegenüber Gesprächsstoff. Mileva an Bescheidenheit zu erinnern erscheint geradezu grotesk, auch, sie als eine Null zu bezeichnen. Plagt ihn Angst hinsichtlich der Veröffentlichung? Ist dies Furcht vor der Publikmachung privater Entgleisungen oder steht auch sein Ruf als Wissenschaftler und genialer Kopf auf dem Spiel? Nur die Erben Milevas, die die versteckten Liebesbriefe gefunden haben, wissen, ob es auch ein Manuskript zu Milevas Autobiografie gibt. Zuzutrauen wäre es Mileva zweifelsohne. Fast schon rebellisch verhält sie sich 1947, kurz vor ihrem Tod, als der Erlös für den Verkauf des dritten vom Nobelpreisgeld erworbenen Hauses ungeplant bei ihr landet. Zur Absicherung weiterer Pflegekosten für Eduard sollte das Kapital angelegt werden. Der Barbetrag von knapp 100 000 Franken wird Mileva dank einer bei ihr befindlichen Vollmacht ausgehändigt, steht ihr jedoch nicht zu. Sie behält das Geld und keiner erfährt davon. Obwohl sie in der Vergangenheit regelmäßig in Geldangelegenheiten mit Finanzleuten und Anwälten verhandelt hatte, nimmt sie nun das Geld und versteckt es kurzerhand, getreu einer alten serbischen Gepflogenheit, unter der Matratze ihres Bettes. Auch das Geld wird nach ihrem Tod gefunden. Diese Beispiele für Handstreiche Milevas bekunden eine Verschmitztheit, ein großes Quantum Lebenskraft und sogar eine gewisse Komik.

Mileva Einstein-Marić auf ihrem Züricher Balkon, der wie ihre Wohnung mit zahlreichen Kakteen bestückt war, Ende der 1930er-Jahre.

Am 4. August 1948 stirbt Mileva nach mehreren Schlaganfällen. Albert überlebt sie nur um sieben Jahre. 1955 erliegt er in Princeton den Folgen eines bereits Jahre zuvor festgestellten Aneurysmas. Der Tod Eduards 1965 war wohl eine Erlösung. Hans Albert wird als letztes Familienmitglied 1973 durch einen Herzinfarkt aus dem Leben gerissen.

Für den bisher letzten Paukenschlag in der Geschichte der Familie Einstein sorgt Jahrzehnte nach ihrem Tod keine Geringere als Mileva. Die von ihr aufbewahrten Liebesbriefe werden veröffentlicht und bringen nicht nur die Geschichte Lieserls ans Licht, sondern offenbaren jedermann auch den jungen, privaten Albert Einstein und die wichtige Rolle Milevas an seiner Seite. Spätestens in diesem Moment ist Mileva Einstein-Marić für die ganze Welt sichtbar aus Albert Einsteins Schatten herausgetreten. In Erinnerung muss eine kluge und starke Frau bleiben, die ihrer Zeit weit voraus war und die bis heute für alles, was sie in ihrem Leben erreicht hat, größten Respekt verdient.

QUELLENNACHWEIS

LITERATUR

Einstein, Elizabeth Roboz:
Hans Albert Einstein. Reminisceences of His Life and Our Life Together,
Iowa Institute of Hydraulic Research, The University of Iowa,
Iowa City 1991

Elfenbein, Stefan:
»Einsteins verschwundene Tochter«,
in: *Berliner Zeitung*, 14.09.2014

Highfield, Roger; Carter, Paul:
Die geheimen Leben des Albert Einstein,
Marix Verlag, Wiesbaden 2004

Hildebrandt, Irma:
Frauen, die Geschichte schrieben,
Heinrich Hugendubel Verlag, Kreuzlingen/München 2002

Klein, Martin J., et al. (Hrsg.):
The Collected Papers of Albert Einstein, Volume 5,
Princeton University Press, Princeton 1993

Kormos Buchwald, Diana, et al. (Hrsg.):
The Collected Papers of Albert Einstein, Volume 9,
Princeton University Press, Princeton 2004

Popović, Milan (Hrsg.):
In Albert's Shadow,
The Johns Hopkins University Press, Baltimore/London 2003

Renn, Jürgen; Schulmann, Robert (Hrsg.):
Albert Einstein, Mileva Marić: Am Sonntag küss' ich Dich mündlich. Die Liebesbriefe 1897–1903,
Piper Verlag, München 2005

Rogger, Franziska:
Einsteins Schwester. Maja Einstein – ihr Leben und ihr Bruder Albert,
Verlag Neue Zürcher Zeitung, Zürich 2005

Rosenkranz, Ze'ev:
Albert Einstein. Privat und ganz persönlich,
Jüdische National- und Universitätsbibliothek, Jerusalem 2004

Rübel, Eduard:
Eduard Einstein. Erinnerungen ehemaliger Klassenkameraden am Zürcher Gymnasium,
Verlag Paul Haupt, Bern/Stuttgart 1986

Schulmann, Robert, et al. (Hrsg.):
The Collected Papers of Albert Einstein, Volume 8,
Princeton University Press, Princeton 1998

Seelig, Carl:
Albert Einstein. Leben und Werk eines Genies unserer Zeit,
Europa Verlag, Zürich 1960

Stachel, John, et al. (Hrsg.):
The Collected Papers of Albert Einstein, Volume 1,
Princeton University Press, Princeton 1987

Trbuhović-Gjurić, Desanka:
Im Schatten Albert Einsteins. Das tragische Leben der Mileva Einstein-Marić,
Verlag Paul Haupt, Bern/Stuttgart/Wien 1993

Trömel-Plötz, Senta:
Vater Sprache Mutter Land. Beobachtungen zu Sprache und Politik,
Verlag Frauenoffensive, München 1991

Zackheim, Michele:
Einsteins Tochter,
List Verlag, München 1999

ZITATE

Die meisten Zitate sind entnommen: *The Collected Papers of Albert Einstein*, unter Angabe des Bandes (Vol.) und der Nummer des Dokuments (#).

TEIL 1

S. 21: Mei liebs Johonesl: Vol. 1, # 61

S. 21, 38: Wie glücklich und stolz: Vol. 1, # 94

S. 22: Wie gehts dir denn immer: Vol. 1, # 112

S. 23: Wie glücklich bin ich: vgl. Trbuhović-Gjurić, S. 69

S. 25: Sie ist ein Buch: Vol. 1, # 68

S. 25: Mama warf sich auf ihr Bett: Vol. 1, # 68

S. 26: Mein geliebtes Schätzchen: Vol. 1, # 134

S. 29: Die Geschichte mit dem Lieserl: Vol. 5, # 13

S. 32: Mongoloider Idiot: vgl. Elfenbein, S. 6

S. 34: Ich bewundere jeden: vgl. Trbuhović-Gjurić, S. 86

S. 36: Herzliche Grüße: Vol. 5, # 20

S. 36: Ich würde mich so sehr: vgl. Trbuhović-Gjurić, S. 101

S. 37: Er trug Kohle aus dem Keller: vgl. Rogger, S. 39

S. 39: Wozu?: vgl. Trbuhović-Gjurić, S. 83

S. 43: Na ja, mir kann's egal sein: vgl. Trbuhović-Gjurić, S. 125

S. 43: Wir werden beide: Vol. 5, # 476

S. 44: Der Zustand meines Kleinen: Vol. 8, # 306

S. 45: Liebe Miza: Vol. 8, # 23

S. 45/46: Bedingungen: Vol. 8, # 22

S. 46: Bei dieser Gelegenheit: Vol. 8, # 26

S. 46: Die letzte Schlacht: Vol. 8, # 29

TEIL 2

S. 52: Eine Besprechung zwischen uns: Vol. 8, # 211

S. 52: Als wir weg gingen: Vol. 8, # 216

S. 54: Wenn ich nach Zürich gehe: Vol. 8, # 233

S. 55: Mein Albert schreibt mir nicht: Vol. 8, # 251

S. 55: Die Trennung von Mitsa: Vol. 8, # 258 (in französischer Sprache)

S. 58: Ich aber hege: Vol. 8, # 233

S. 60: Antrag, unsere nunmehr erprobte Trennung: Vol. 8, # 187

S. 60: Indem ich mich derart: Vol. 8, # 200

S. 60: Prinzipieller Zusage: Vol. 8, # 208

S. 60: Sei nun so liebenswürdig: Vol. 8, # 208

S. 61: Bist Du prinzipiel geneigt: Vol. 8, # 211

S. 61: Da nichts geschieht: Vol. 8, # 211

S. 61: An Simulation: Vol. 8, # 238

S. 62: Lieber Michele! 20 Jahre: Vol. 8, # 238

S. 62: Von jetzt an: Vol. 8, # 254

S. 62: Über das Befinden: Vol. 8, # 270

S. 63: Das Bestreben: Vol. 8, # 449

S. 63: Derart kolossale Opfer: Vol. 8, # 449

S. 63: Alles würde ich hier: Vol. 8, # 449

S. 63: Ich begreife: Vol. 8, # 457

S. 64: Aber es scheint: Vol. 8, # 457

S. 64: Es scheint nicht so einfach: Vol. 8, # 457

S. 65: Legen Sie doch: Vol. 8, # 474

S. 65: Wenn Elsa sich nicht: Vol. 8, # 475

S. 65: Es wäre mir herzlich leid: Vol. 8, # 475

S. 66: Liebe Miza!: Vol. 8, # 483

S. 66: Glaubst Du: Vol. 5, # 488

S. 66: Liebe Miza! Ich habe mich über deinen Brief: Vol. 8, # 484

S. 67: Ich bin neugierig: Vol. 8, # 505

S. 68: Ich habe den Vertragsentwurf: Vol. 8, # 505

S. 69: Wir erkennen an: Vol. 8, # 133

S. 69: Auch glaube mir: Vol. 8, # 135

S. 70: Vielleicht könnte in den Vertrag: Vol. 8, # 519

S. 70: Du wirst doch nicht verlangen: Vol. 8, # 505

S. 71: Die Scheidung sogleich: Vol. 8, # 585

S. 71: Ich wäre auch Mileva treu geblieben: Vol. 8, # 591

S. 72: Mir geht es vorzüglich: Vol. 8, # 621

S. 73: Meine Scheidungsangelegenheit: Vol. 8, # 663

S. 73: 1. Es ist richtig: Vol. 8, # 676

S. 74: Z. Zt. in der Pension: Vol. 9, # 6

S. 74: Die Ehe der Parteien: Vol. 9, # 6

TEIL 3

S. 82: Gestern plötzlich wurde: Vol. 8, # 545

S. 85: Die Schachtel: vgl. Renn/Schulmann, S. 69

S. 85: Sauberen Schwiegertochter: vgl. Renn/Schulmann, S. 76

S. 86: Ich erinnere mich sehr gut: vgl. Rübel, S. 24

S. 88: Geometriestunde: vgl. Rübel, S. 51

S. 89: Dieser etwa 15jährige Junge: vgl. Rübel, S. 59 f

S. 89: Ich wohne bei meiner: vgl. Trbuhović-Gjurić, S. 166

S. 90: Mileva war in ihrer Erregung: vgl. Trbuhović-Gjurić, S. 168

S. 91: Dass uns durch seine Krankheit: vgl. Rübel, S. 114

S. 95: Jetzt kriegt Ihr also: Vol. 9, # 400

S. 95: Jedenfalls wird das beste: Vol. 8, # 533

S. 96: Meine Heiterkeit hast Du entfesselt: vgl. Senta Trömel-Plötz: »Biographien > Mileva Einstein-Marić«, entn. Fembio – Institut für Frauen-Biographieforschung (o.A.), <http://www.fembio.org/biographie.php/frau/biographie/mileva-maric-einstein/>, letzter Zugriff: 23.03.2015.

BILDNACHWEIS

Stephan Juttner: S. 14: Porträt Milevas, Zeichnung nach einer Fotografie aus dem Jahr 1927; Picture-alliance: S. 83; Stadtarchiv Zürich: Umschlagmotive, S. 1, 8, 11, 18, 24, 28, 31, 33, 50, 53, 77, 80, 87, 98